함께 걷고 싶은 거리, 함께 살고 싶은 서울은 서울이 나아가고자 하는 서울의 꿈이랍니다. 그리하여 시민과 함께 만든 2030서울플랜은 소통과 배려가 있는 행복한 시민도시를 비전으로 내세웠지요. 어떻게 하면 시민과 함께 서울을 더 살기 좋은 삶의 도시, 행복도시로 만들지 고민하는 저에게 이 책은 제 고민이 시장 한 사람으로 그치는 것이 아닌 함께 하는 시민 모두의 것이라는 확신을 주었습니다. 배려와 사랑, 그리고 섬세함이 살아있는 '배려도시', 우리 함께 만들어나가요!

— 박원순 (서울특별시장)

인간의 가장 큰 특징으로 흔히 직립보행을 말합니다. 인간은 직립보행을 기반으로 지능이 발달하고 자유로운 손으로 도구를 사용하며, 타인과 소통하면서 사회와 문명을 이룩해왔습니다. 그런데 보행을 하는 공간인 보도(步道)는 그 기대역할에 비해 막상 안전하지도, 편리하지도, 쾌적하지도 못한 것이 현실입니다. 이 점에 대하여 저도 오랫동안 관심을 갖고 고민해오던 차에 마침 '배려도시'라는 저서의 출간 소식을 들었습니다. 저자는 이 책에서, 걷기에 안전하고 쾌적한 도시가 되려면 훌륭한 정책, 우수한 시설 이전에 사람에 대한 배려가 중요하다고 강조하면서 우리나라 도시 가로의 문제에 대한 세밀한 지적과 더불어 최근 도시 가로환경에 있어 큰 이슈가 되고 있는 보행안전 및 살고 싶은 마을, 걷고 싶은 거리 만들기를 위한 해법을 다각도로 제시하고 계십니다. 저자는 뛰어난 가로환경으로 유명한 일본 교토(京都)에서 수년간 수학하고, 교토대학에서 '교통정보가 도시교통에 미치는 영향'을 주제로 한 논문으로 박사학위를 취득한 뒤, 한국IBM 및 토지주택연구원에서 첨단교통과 도시 가로환경에 관련된 다양한 연구들을 수행해오신 뛰어난 학자이십니다. 특히, 저의 지역구인 성북(을)지역에서 48년을 살아오신 분이고 이 책에 인용된 도시환경 사례 중 상당수가 성북구의 것이기 때문에 저에게는 더욱 큰 의미가 있는 책이며, 정책적 영감도 많이 얻었습니다. 부디 이 책의 출간을 계기로 우리나라 도시들이 본격적으로 시민을 배려하는 도시로 거듭나기 위한 날개 짓을 시작하기를 바라며, 조만간 어느 도시에서든지 집밖을 나서면 안전하고 편리하고 쾌적한 거리를 걸을 수 있게 되기를 꿈꿔봅니다.

— 신계륜 (국회의원, 국회환경노동위원장)

우리가 원하는 가로 환경의 해법이 '배려'라는 데에 전적으로 동의한다. 배려는 사람에 대한 사랑이며 동시에 디테일의 원천이다.

– 김대호 (경기개발연구원 부원장)

천상 그는 타고난 공학도이며, 교통약자와 도시 공간을 이용하는 시민을 진정으로 배려할 줄 아는 마음 따뜻한 도시공학자이다. 이 '배려도시'는 해박한 전공지식과 우리 주위의 가로 및 교통환경의 디테일한 면까지 놓치지 않고 관심을 가지는 저자이기 때문에 가능한 작품이다. 첫 페이지를 넘기는 순간부터 도쿄의 하마마츠쵸 보도에서 맨홀 뚜껑을, 런던과 파리의 생활도로에서 가로수와 자전거 도로를, 그리고 서울의 월곡로에서 주차장과 표지판을 열심히 관찰하고 메모하고 사진기에 담고있는 저자를 만날 수 있을 것이다.

– 도명식 (한밭대학교 도시공학과 교수)

시민의 눈에 쏙 들어오는 내용입니다. 거리를 걸을때마다 어딘가 만족스럽지 못함이 있었는데 이 책이 그 가려움을 정확하게 해소해 주었습니다. 사실 도로 및 교통 정책 분야의 전문가가 쓴 책이라고 하니 딱딱한 내용이 아닐까 하는 의심이 들었는데 책장을 넘기면서 그런 의심은 사그라들고, 배려와 디테일이 살아있는 걷고 싶은 거리가 눈에 들어왔습니다. 우리의 도시도, 거리도 따스해졌으면 좋겠습니다. 많은 이들이 읽고 배려도시를 함께 만들어갔으면 좋겠습니다.

– 신동식 (기윤실 정직윤리운동 본부장)

최근 선진국의 가로 정책은 통행 기능과 공간 기능을 함께 고려한 living streets와 다양한 도로 이용자가 안전하고 편리하게 가로 공간을 나누어 쓰는 complete streets 디자인이 주를 이루고 있는 가운데, '배려'를 가로 공간 디자인의 기본 사상으로 도입한 저자의 관점에 매우 공감하며 이 책을 추천합니다.

– 심관보 (교통안전공단 선임연구위원)

배려도시

Inclusive street

변완희

우리시대

서문

2009년. 가로 환경 개선과 관련된 연구 과제를 수행 중이던 나는, 당시 일본에서 조성한 커뮤니티존(Community Zone)이라고 하는 가로 환경개선 프로그램을 견학하기 위해 일본엘 갔었다. 그 프로그램은 도쿄東京 의 카미렌자쿠上連雀와 하타노다이旗の台란 곳에 조성되어 있었다. 당시만 해도 막연히 가로 환경이란 것이 보도를 넓히고, 가로수를 많이 심어 도시경관을 아름답게 꾸미는 정도로 밖에 생각이 미치지 못하고 있었기에 큰 기대를 갖고 있지는 않았다. 그런데 그 곳을 방문하기도 전, 머물고 있던 호텔에서 하마마츠쵸浜松町 역으로 가는 길목인 시바다이몬芝大門 부근 보도에서 '가로 환경이란 이런 것!'이구나 하는 감동을 목격하게 되었다. 그 감동 중의 하나는 맨

일본 하마마츠쵸浜松町. 맨홀 뚜껑으로 이어지는 점자블록은 놀랄만한 배려이며 디테일이다.

일본 하마마츠쵸浜松町. 보행자에 대한 배려가 돋보이는 공간활용의 디테일을 볼 수 있었다.

홀 뚜껑으로 이어지는 점자블록이었고, 또 다른 감동은 가로수로 인해 버려진 공간을 보행 공간으로 활용한 것이었다. 이후 나는 도시의 가로 환경은 이렇게 사람에 대한 배려와 그로부터 나오는 디테일로부터 시작해야 한다고 믿게 되었다.(물론 방문했던 커뮤니티존 역시 배려와 디테일의 표준이라 할 만큼 내게 큰 감명을 주었다.)

그렇다! 우리가 선망해왔던 걷기에 안전하고 쾌적한 가로 환경은 배려를 통해 가능한 것이었다. 가로의 계획, 설계, 시공 및 유지보수에 이르는 관리적 의미의 치밀함이 필요하지만, 그 이전에 그런 가로를 이용하는 사람에 대한 깊은 배려가 먼저인 것이다.

가로수를 심고, 보도를 만들고, 자전거 도로를 만들어 보지만 가로수는 가로 환경을 저해하고, 보도는 장애인이 이용하기 불편하며, 자전거 도로는 현실성이 없다. 이 가엾은 가로 환경은 지침이나 기준이 없어서가 아니다. '보행 안전 및 편의 증진에 관한 법률', '자전거 이용활성화에 관한 법률', '자전거 이용시설 설치 및 관리지침', '교통약자의 이동편의 증진법', '도로의 구조 시설에 관한 규칙', '어린이보호구역의 지정 및 관리에 관한 규칙', '보도설치 및 관리지침', '도로안전시설 설치 및 관리지침', '교통노면표지 설치관리 매뉴얼', '교통안전표지 설치관리 매뉴얼' 등 관련 법제도 지침이 이미 넘치고 충분하다. 결코 선진국 수준에 뒤쳐지지 않는다. 이뿐인가 우수한 가로 환경을 조성하기 위한 다양한 프로그램들이 많다. '보행우선구역 시범사업'[1], '어린이보호구역 개선사업', '노인보호구역 개선사업', '걷고 싶은 도시 만들기 조성사업' 등이 그것인데, 그럼에도 이들 프로그램들은 충분하게 성공하지 못했고 제대로 정착되지 못했다. 문제는 역시 배려에 있었다고 생각한다.

2009년 이후 나는, 줄곧 배려를 찾아 도시를 누비고 다녔다. 꽤 오랜 시간이었고 그 사이 많은 분들의 칭찬과 격려가 있었다. 페이스북(facebook)이나 기고를 통해 의견을 들었고 누구나 그렇다고 인정하는 것들을 한데 모으고 간추렸다. 그리고 수십 번을 넘는 수정의 수정을 거쳐 겨우 오늘 이렇게 책으로 엮게 되었다. 이 책은 우리나라 도시 가로의 문제를 매우 디테일하게 지적하고 있다. 그리고 사람을 향한 배려야 말로 고도화된 사회로 가기위해 거쳐야 할 관문이라고 주장하고 있고, 해외의 다양한 사례를 통해 해결의 실마리를 제시하고자 했다.

이 책은 총 여덟 개의 장으로 구성되어 있다. 1장은 도시에서 가로 환경을 저해하는 기본적인 문제를 다루었다. 그 시작으로 실증적 사례를 들었다. 서울의 한 지역을 직접 다니면서 얻은 결과를 제시함으로써 가로에서 흔히 만날 수 있는 불편과 위험을 진단하였다. 또한 나라에서 특별하게 관리하고 있는 가로수로 인한 폐해를 지적하였고, 가로 환경과 조화를 이룰 수 있는 대안을 제시하고 있다. 그리고 별 것 아닌 듯 심각한 보도 높이에

---

1) http://walk.mltm.go.kr 참조

서울 청량리. 우리나라 가로 환경을 해치는 제일 첫 번째는 제멋대로 설치 · 관리되는 가로수이다.

대한 문제를 짚어 제시하고 있다.

2장은 가로 환경의 가장 큰 골칫거리인 주차문제를 다양한 사례를 통해 고민하고 있다. 먼저 가로 환경을 크게 훼손하고 있는 공지의 실태를 고발하고 있다. 다양한 형태의 공지가 원래의 목적대로 사용되지 않고 불법주차 용지로 사용되고 있음을 지적하였고, 이어 우리사회 전반에 걸쳐 문제가 되는 불법주차 문제를 심도 깊게 다루고 있다.

3장은 우리나라 가로 환경에서 나타난 문제를 교통안전 통계와 현장 실사 결과를 통해 보여주고 있다. 특히 OECD와의 비교를 통해 우리나라의 교통안전 실태를 꼬집고 있으며, 교통사고 자료를 통해 문제는 가로 환경에 있음을 제시하였다. 그리고 가로 환경의 문제를 쉽고, 직관적으로 이해할 수 있는 점검방법을 제안하고 있다.

그리고 4장에서는 가로 환경 개선방안을 찾기 위한 해법을 제시하고자 하였다. 특히 사람에 대한 배려가 돋보이는 일본의 가로 환경 정비 사례를 살펴보고 있고, 가로 환경 정비에 대한 기본적인 해법으로 알려져 있는 교통정온화 기법을 소개하고 있다. 또한 교통안전과 이동편의에 있어 무엇보다 중요한 가로 표지들을 자세하게 살펴보고 있다.

5장에서는 자전거 도로의 문제와 대안을 함께 고민해보고자 하였다. 자전거 활성화를 위한 아이디어를 고민하고 있고, 가로 환경에 맞는 자전거 도로 적용 방안을 제시하고 있다.

6장에서는 장애인 시설에 대한 보다 많은 관심과 개선의 필요성을 강조하기 위해 대한민국 헌법 10조의 내용을 되새겨 보았고, 시각 장애인을 위한 점자블록의 이해를 도울 수 있도록 다양한 사례를 제시해 보았다.

7장에서는 대중교통으로서 지하철과 버스에 마주치는 감동과 아쉬움을 각 시설이 품고 있는 작은 디테일을 통해 얘기하고 있다.

그리고 마지막 8장에서는 가로 환경의 개선을 위해 고쳐나가야 할 작고 소소한 이야기를 끄집어보았디.

어쩌면 우리나라 도시의 가로 수준은, 정확하게 우리나라 정치 사회 문화 수준을 있는 그대로 반영하고 있는 것인지도 모른다. 따라서 시간이 필요하며 기다리면 저절로 개선될 것이니 굳이 나설 필요가 없다고 주장할 수도 있다. 하지만 역사는 현실을 깨려는 노력에서 발전이 있었던 점을 기억하고 싶다. 그래서 오늘 이 책이 거닐고 싶고, 거닐다 보면 행복해지는 도시, 그런 가로 환경을 위한 소중한 현실 깨기가 되길 간절히 바란다.

이 책이 나오기까지 수고해주신 많은 분들께 감사의 말을 전하고 싶다.

'빛과 소금 교회' 신동식 목사님이 주신 귀한 기회에 감사를 드린다. 오랜 벗과 함께 이 책을 계획하고 준비하는 과정이 너무나 행복했다.

책의 완성도를 높이기 위해서는 치밀하고 냉혹한 검독과 지적이 필요한데, 동료 최지인씨가 그 역할을 해주었다. 덕분에 이 책의 완성도가 몇 배는 높아졌다.

우리 남편, 우리 아빠가 최고라며 의기소침할 때마다 격려와 지지를 아끼지 않았던 사랑하는 아내 호경, 딸 새나레, 아들 영주에게도 고마움을 전한다. 특히 새나레는 교정 작업을 도와주었는데 악필인 내 글씨를 정확히 읽어 내어 단 한 번의 실수 없이 끝내주었다.

마지막으로 우리시대 편집부의 권혜영님, 김주호님, 김항석님, 이하양님은 보잘 것 없는 지식의 돌무더기를 보석으로 바꾸어주셨다. 너무 감사하다.

Contents

걷다보면 만나는 위험과 불편들

우리는 과연 살만한 도시에 살고 있는가

1장 | 걷다보면 만나는 위험과 불편들

과학기술의 발달로 빠르고 편한 교통수단이 보편화된 지금도 보행은 반드시 필요한 통행 방법임에 분명하다. 그럼에도 불구하고 우리의 보행 환경은 참을 수 없을 만큼 형편없다. 더 이상 걷고 싶지 않은 거리가 실제 우리의 현주소가 아닐까?

역사적으로 살펴보면 도시의 공간 구조를 다양한 시각에서 분석하고 이를 토대로 보행자 친화적인 공간을 조성해야 한다는 움직임은 1970년대 이후 활발히 진행되어 왔다. 그리고 1990년대 초 문화적인 요소를 고려한 보행 공간을 강조해오다 1996년 서울시의 보행권 및 보행 환경 개선을 위한 기본조례의 제정은 도시 가로 환경에 새로운 계기를 맞게 하였다. 그리고 1998년 '서울시 보행 환경 기본계획 수립' 및 1999년 '서울시 걷고 싶은 거리 만들기 시범가로 조성 사업'을 시작으로 보행 환경의 개선 사업이 활성화되어 2000년 이후에는 전국 지자체에서 유사 사업이 꾸준하게 이어지고 있다.

그러나 당초 목표와는 달리 성공적이진 못한 것 같다. 2000년 7월 서울시는 '디자인 서울 거리' 조성 사업으로 60개소를 추진한바 있으나, 시민 만족도는 100점 만점에 고작 50.5점을 받아 시민의 공감을 얻는 데 실패했기 때문이다. 실패의 원인이 무엇일까? 우리는 디자인만 아름다운 거리를 원했던 것은 아니었기 때문이다.[2]

그저 걷고 싶은 거리가 필요했던 것이다. 다시 말해 걷기에 안전하고 편안하고, 여유롭게 거닐 수 있는 길이면 족한 것이다. 여태껏 지자체들이 조성해왔던 '걷고 싶은 거리'는 진정으로 '걷고 싶은 거리'가 아니었던 것이다. 따라서 진정한 의미의 걷고 싶은 거리를 조성하기 위해서는, 무엇보다 우리가 살고 있는 주변 가로 환경을 면밀히 살필 필요가 있고, 그 속에서 보행 환경에 어떤 문제가 있는지 찾아야 할 것이다. 그런 이후에 디자인이 녹아들고, 역사와 문화가 자리잡는 가로 환경을 도모할 수 있을 것이다.

저자는 우리의 가로 환경을 직접 체험해보고자 서울의 하월곡동, 종암동, 장위동 일대를 보행자로서-동시에 운전자로서- 상당 시간을 걷고, 운전하며 체험하였고, 이를 통해 다양한 문제를 발견하였다.

---

2) 최강림, 도시상업가로 보행 환경의 현황 분석과 개선방향 연구, 대한건축학회논문집 계획계, 24(12), 2008

신호등이 없는 주거 지역의 교차로에서 보행자의 안전을 위해서 무엇보다 중요한 것은 일시정지 표지(혹은 표시)이다. 일시정지 표지는 잘 작동될 경우 차량의 과속을 막고, 운전자의 부주의한 태도를 바꾸어 보행자의 갑작스런 도로 침입에도 대처할 수 있기 때문이다.

그러나 일시정지가 필요한 많은 교차로가 있었음에도 이 지역에서 발견한 일시정지 표지는 단 2곳뿐이었다. 대부분의 교차로는 횡단보도표지나 진행방향 표시가 전부였다.진행방향 표시는 아무런 도움이 안 되며, 횡단보도는 보행자가 횡단하고 있을 경우에나 멈춤 혹은 서행의 의무가 있을 뿐이다. 우리나라의 주거 지역 실정에 비추어 볼 때는 보행자의 유무에 관계없이 무조건 일시정지를 해야 하는 일시정지 표지가 반드시 필요하다. 왜냐하면 우리나라의 주거환경이야 말로 보행자가 언제 어느 때에 뛰어들지 예측하기 어려운 곳이기 때문이다.

보행자 교통사고가 적은 미국이나 일본의 경우, 작은 도로들이 만나는 곳은 예외 없이 일시정지 표시가 있으며, 그 앞에서 멈추지 않는 자동차를 본 적이 없다. 참고로 미국의 10만명당 보행자 사고는 1.4명, 일본은 1.6명으로, 우리는 이들 국가보다 3배 이상 높다.

사진1
종암로 16길과 월곡로 교차로 일시정지 노면 표시와 표지. 사진 왼쪽 상단의 일시정지표지는 우측에 있어야 했다.

사진2
서울 월곡로 14길. 정지선과 진행방향 표시가 전부이다. 멈춤 혹은 정지 표시가 없다.

사진3
서울 종암동 22길과 24길 교차로, 종암동 S아파트와 주택이 밀집한 곳이라 주의가 필요한데 정지선조차 보이지 않는다.

사진4 미국 오클랜드Oakland 60th St. 미국의 작은 도로의 교차로에는 어김없이 sop표지가 있다.

사진5 일본 미타카三鷹. 일본 역시 주거 지역 내작은 도로가 만나는 곳에는 어김없이 일시정지 표시가 있다.

인색한 보행자 횡단보도 표지

가로 환경이 우수한 미국이나 캐나다의 주거 지역을 가보면, stop 표지만큼 자주 눈에 띄는 것이 횡단보도 표지와 보행자 주의 표지이다. 우리나라에도 횡단보도 표지가 있으며, 어린이보호 표지가 보행자 주의 표지와 같은 역할을 한다. 그러나 설치 수는 이들 나라에 비해 상당히 적은 것 같다. 우리나라는 법이 정한 최소의 수준으로만 설치하기 때문이 아닌가 생각한다. 그렇지만 이젠 생각을 바꿀 필요가 있다. 이들 표지는 많을수록 좋기 때문이다. 특히 우리나라처럼 보행자 보호의식이 적은 나라에서는 더더욱 그렇다.

사진9과 사진10은 조사 지역의 횡단보도 주변을 보여주고 있다. 이곳의 횡단보도는 보행자의 횡단이 많은 곳임에도 보행자 안전을 위한 표지를 찾아보기 힘들었다. 이런 모습은 조사 지역 전체에서 흡사한데, 횡단보도 표지나 주의 표지에 대한 필요성을 절실히 느낄 수 있었다.

사진6
미국 LA. 횡단보도 표지가 크고
선명하며, 양옆에 설치하여 운전
자의 시인성도 좋다.

사진7
캐나다 웨스트 벤쿠버(West Van-
couver). 횡단보도 표지가 크고 선
명하여 운전자의 시인성이 좋다.

사진8
미국 스탠포드(Stanford) 대학. 횡단보
도가 아닌 곳에서도 보행자 주의
표지를 쉽게 발견할 수 있다.

사진9 서울 오패산로 3길. 횡단보도는 물론 도로를 횡단하는 사람들이 많이 있으나 횡단보도 표지가 보이지 않는다.

사진10 서울 오패산로. 어린이보호구역으로 도로 상의 무단 횡단자가 많아 횡단보도 표지는 물론 보행자 주의 표시가 필요한 곳이다.

사진11 서울 회귀로 5길과 월곡로 10길을 잇는 정릉천변 다리. 오른쪽에서 접근하는 차량이 보이지 않아 좌회전시 매우 위험하다.

사진12 서울 월곡로 14길과 월곡로 교차로. 우회전시 전봇대와 가로수 등으로 오른쪽 횡단보도의 보행자나 신호등이 잘 보이지 않는다.

사진13 서울 장월로와 장월로6길 3지 교차로. 가로수와 분전함. 전봇대, 가로등으로 좌측 접근 차량이 보이지 않는다.

사진14 서울 월계로와 오패산로 교차로. 분전함. 공중전화 부스 등으로 오른쪽편의 횡단보도 보행자가 보이지 않는다.

사진15
서울 월곡로에 위치한 일신초등학교 앞 횡단보도. 운전자는 가로수에 가려 횡단보도 앞 보도에 있는 초등학생들을 보지 못할 수 있다.

교차로 시야 불량

조사 지역을 다니면서 느낀 것은 우리나라의 도로는 시야가 불량한 교차로가 많다는 것이다. 교차로는 차량들이 좌우회전이 많은 곳이고 통계적으로도 사고가 많은 곳임에도 전봇대, 가로수, 이런저런 시설들로 시야가 확보되지 않는 곳이 천지였다. 학교 앞 횡단보도와 같이 특히나 시야가 충분하게 확보되어야 하는 곳도 사진15 처럼 가로수로 인해, 횡단보도로 접근하는 아이들이 가려 보이지 않는 경우도 있었다.

통제되지 않는 자동차 속도

자동차의 속도를 낮게 통제 할 수 있다는 것은 운전자의 대응에 여유가 있고, 사고가 나더라도 경미한 사고로 끝날 수 있다는 것 을 의미한다. 그렇기 때문에 보행자우선구역, 어린이보호구역, 노인보호구역과 같은 곳에서 가장 중요한 것은 교통안전시설을 통해 자동차의 속도를 일정속도 이하로 통제하는 것이다. 속도를 통제하는 방법으로 기본적인 것은 과속방지턱(hump, 험프)과 속도제한 표지이다. 그리고 이외에도 차로의 폭을 좁히는 차로폭 좁힘(choker, 초커), 도로를 지그재그 형태로 만든 시케인(chicane, 사행도로)등이 있다.

이번 조사 지역에는 어린이보호구역이 상당히 포함되어 있다.

내리막길도 많았는데 과속방지턱이나 속도제한 표지 조차 없는 곳도 많았다. 게다가 대부분의 장소에서 자동차들의 속도는 제한속도를 넘어 달리고 있었다. 차로폭 좁힘이나 시케인은 볼 수조차 없으며, 30km/h로 제한되어 있는 이곳에서 속도위반 단속 역시 찾아볼 수 없었다.

운전자의 보행자 보호 의식이 부족한 국내 현실을 생각할 때, 속도제한 표지는 물론 과속방지턱, 차로폭 좁힘, 시케인 등을 보다 적

사진16 주택가의 일직선 도로에는 소용없는 이미지과속방지턱 외에 아무런 속도제한 시설이 없다. 과속방지턱는 소음이 심해 주민의 반대로 설치가 어려운 곳이 많다.

사진17 초등학교 앞 내리막길 도로이다. 아무런 속도제어 시설이 없다. 차로폭 좁힘나 시케인이 필요한 곳이다.

사진18 경사가 있는 내리막길이 상당히 길지만 속도제한 표지나 과속방지턱이 없고, 차량이 과속으로 달리는 위험한 곳이다.

사진19 내리막길. 경사가 꽤 심한 편이지만 속도제한 표지조차 없다.

극적으로 도입할 필요가 있다. 특히 속도제한 표지는 운전자가 쉽게 인식할 수 있도록 충분히 설치할 필요가 있으며, 고속도로나 국도만이 아니라 보행자 교통사고가 많은 곳에도 무인과속단속시스템의 설치를 적극적으로 고려해야 할 것이다.

불법주차

모든 도로에서 매우 심각하게 나타나고 있는 불법주차는 우리나라의 교통문제의 근원이며 시작이라고 과언이 아닐 것이다. 불법주

사진20 서울 월곡로 일신초등학교 인근. 불법주차된 차량을 넘어가기 위해 자전거는 차로로 들어가야 한다.

사진21 서울 월곡로 5길. 불법주차로 좁아진 도로를 자전거와 보행자들이 다니고 있다.

사진22 서울 장월로 어린이보호구역. 보도 위에 주차된 차량들. 때로는 이 차량들이 보행자를 차도로 내몰기도 한다.

사진23 서울 오패산로 16길 숭인초등학교 앞 어린이보호구역. 불법주차 견인지역 표지 앞에서도 불법주차한 차량들

차는 도로용량을 감소시키며, 보행과 자전거 통행을 방해하며, 운전
자의 시야를 가려 교통사고 위험을 높인다. 특히 보도 위 혹은 전면공
지에 주차하고 있는 차량은 우리나라 운전자 의식 수준의 후진성을
여실히 보여주고 있다. 이와 같은 불법주차 환경을 볼 때, 가로 환경
은 불법주차의 제거만으로도 크게 개선될 것이라고 생각한다.

불법주차의 원인은 일차적으로 주차장의 부족에 있지만, 불법주
차를 아무렇지도 않게 생각하거나 보도 위나 공개공지에 주차하고 있

사진24 서울 월곡로 14길. 평면주차장과 무인단속시스템을 통한 불법주차 제거 사례

는 운전자의 태도가 더 큰 원인이라고 생각한다.

조사 지역에서 불법주차 차량을 제거하고 안전한 도로 환경을 갖추고 있는 곳을 찾았다. 월곡로 14길이 그곳이다(사진 24). 이 도로에서는 불법주차 차량을 볼 수가 없었다. 이곳이 이렇게 안전한 도로 환경을 갖게 된 것은 평면주차장과 강력한 단속시스템을 통해서이다. 성북구는 구청 소유의 부지 위에 개발 대신 지역민을 위한 평면주차장을 설치하였다. 그리고 동시에 무인단속시스템을 설치하여 운영하고 있다. 일반적으로 단속시스템을 설치하는 것만으로는 불법주차를 없앨 수 없다. 왜냐하면 지역민의 불편과 민원으로 인해 얼마 못가 실패하는 것이 다반사이기 때문이다. 월곡로 14길처럼 주차장이 함께 공급되어야 불법주차 문제가 해결될 수 있는 것이다.

지금까지 성북구 종암동, 월곡동, 장위동 일대 주거 지역의 가로 환경을 시설을 살펴보았다. 조사 지역은 횡단보도가 설치되어 있지 않은 곳이 많았으며, 설치되어 있다 해도 잘 보이지 않은 경우가 많았다. 도로 횡단자가 많았음에도 운전자에게 보행자 주의를 유도할 만한 어떤 표지도 없었다. 결국 운전자로 하여금 보행자의 갑작스런 출현을 신경 써야 하는 긴장감을 주지 못하고 있었다. 또한 속도를 감소시킬 수 있는 과속방지턱, 표지, 차로폭 좁힘, 시케인과 같은 시설의 부족은 자동차의 속도를 제한속도 이내로 통제할 수 없는 상황을 만들고 있었다. 또 가로수, 전봇대, 분전함이 설치된 교차로는 운전자 전방의 시야를 충분히 확보할 수 없도록 하고 있고, 교통안전시설의 개선과 더불어 강력한 단속체계의 필요성을 느낄 수 있었다. 물론 선진국 수준으로 보행자 교통사고를 줄이기 위해서는 이외에도 더 많은 디테일한 문제 요소를 발굴하고 개선의 노력이 필요할 것으로 생각한다. 가령 내리막길 차량의 바퀴 조치, 자전거 횡단로의 보도 처리, 자전거 · 보행자 겸용도로에서의 자전거에 대한 보행자 우선권한 표지 설치, 실제 보행자가 있는 곳에 횡단보도 설치, 꼼꼼한 통행 방법 안내 등이 그것이다. 이처럼 주거지의 복잡한 도로 환경 내에는 우연을 발생시킬 요소가 많이 있으며, 이들 요소를 제거할 때 비로소 가로 환경은 크게 개선될 수 있을 것이다.

가로수, 불편과 위험의 사각지대

가로수는 우리에게 많은 것을 준다. 그러나...

2장 | 가로수, 불편과 위험의 사각지대

　초여름. 건물 안은 덥고 눅눅했는데 밖으로 나오니 오히려 따스한 햇살이 너무 좋다. 내친 김에 산책을 나섰다. 아파트 단지 주변의 보도를 걷다보면 정성스레 가꾸어진 화단과 순초록빛의 소녀 같은 가로수가 아름답다. 가로수하면 떠오르는 건 어린 시설 동네 큰길가의 버드나무다. 한 여름이 되면 이 버드나무는 무성해진 가지가 대단했었다. 그런데 일제 강점기 때 심어졌던 그 오랜 역사의 버드나무가 지금은 흔적도 없이 사라져 버렸다. 가로수를 북한에서는 '거리나무'라 부른다고 한다. 나쁘지 않다.(게다가 '거리'는 한자말이 아닌 순우리말이기도 하다.) 위키백과[3]에 의하면 조선 시대에는 거리를 알기 위해 길가에 나무를 심었는데, 오리나무는 5리마다, 시무나무는 10리마다 심었다고 한다. 기원으로 따지면 오늘날의 가로수는 고종 2년(1866년) '도로 양 옆에 나무를 심으라'는 왕명으로부터 시작되었다고 하기도 하고, 고종 32년(1895년) 내무 행정을 맡았던 중앙관청인 내무아문(內務衙門)에서 신작로 좌우에 나무를 심도록 한 것이 최초의 가로수라고 말하고 있다고도 한다.

---

3) http://ko.wikipedia.org

사진1 스위스 취리히zürich 중앙역 부근의 아름다운 가로수 정경

가로수는 우리에게 많은 것을 준다. 가로수가 만드는 도시의 초록은 산소의 공급원이다. 대기오염과 소음을 흡수한다. 한여름에는 열섬화 현상을 막아주기도 한다. 가로수가 있는 도로는 평균 2.6~6.8℃ 정도 낮다고 한다. 또한 가로수는 삭막한 콘크리트 건물에선 느낄 수 없는 정서적인 안정감을 준다. 이렇기에 과거에는 거리를 재는 것이 목적이었다면, 지금은 사람들의 신체적·정서적 안녕을 위해 심고 있다고 해야 할 것이다.

그러고 보니, 우리 동네에도 어김없이 가로수가 있다. 아카시아도 있고, 은행나무도 있고, 요즘 인기가 많은 이팝나무도 있다. 군대와 유학기간을 빼고도 이 동네에서 40년을 넘게 살아왔다. 당시에는 가로수가 지금처럼 많지 않았다. 가로수는 커녕 전국토의 산과 들조차도 헐벗어 있었다. 국토개발과 함께 가로수는 열심히 심고 관리되어 왔다. 가로수 한그루를 옮기는 것은 물론, 가지를 치는 것조차도 지방자치단체장의 승인이 필요하고, 뽑아버린다는 것은 말도 안 되는 일이 되어 왔다. 지금도 가로수는 하나하나 철저하게 관리되고, 소중한 도시의 자산으로 여겨지고 있다.

그런데 과유불급(過猶不及)이라 했던가. 가로수 때문에 사람이 불편한 경우가 거리에서 자주 눈에 띈다. 당장 우리 동네만 해도 그렇다. 주거 지역이라 자동차의 속도가 높지 않은 일방통행로며, 보도 위

사진2
서울 월곡동 S아파트 둘레길. 왼쪽으로
정릉천변이 있다. 중간 중간 과속방지
턱이 있어 차량의 속도는 40km/h 미만
인데, 유효 보도폭은 80cm에 불과하다.

사진3 서울 월곡동 S아파트 둘레길. 오른쪽으로 KIST가 있으며, 2차로이다. 걷기운동을 하거나, 이곳을
지나 옆 단지로 가는 사람들이 제법 있다. 유효보도폭은 사진2와 마찬가지로 매우 협소하다.

로 가로수가 심어져 있다. 그런데 전체 보도 폭이 2.0m인 이 보도는 가로수로 인해 보도를 1.2m나 빼앗겨 버렸다. 결국 사람이 다닐 수 있는 폭은 0.8m 정도가 남게 된 것이다. 가로수 지지대 공간을 사용한다 해도 고작 1.1m가 전부다. 여기서 0.8m를 사람이 이용할 수 있는 유효한 공간이라 하여 '유효보도폭'이라 부른다. 보도폭을 규정하고 있는 관련규정인 '도로의 구조 시설에 관한 규칙, 제16조 3항'에서는 유효보도폭을 2.0m로 규정하고 있고, 불가피한 경우라도 1.5m 이상을 요구하고 있다. 규정을 떠나 생각해도, 휠체어가 다니려면 적어도 1.0m가 필요한데 0.8m로는 터무니없다. 게다가 놀라운 것은, 이 가로수들은 보도가 다 만들어진 한참 후에야 심어졌다는 것이다. (한 번 더 놀라운 것은 가로수를 피해 가라고 점자블록을 꺾어 놓았다는 것이다. 이점에 대해서는 15장에서 자세하게 다루고 있다.)

왜 이런 일이 생긴 것일까? 아마도 '도시계획관리수립지침, [별첨 3] 보도계획 및 설치지침'에 기술된 가로수의 설치기준을 따른 것 같다. 이 기준을 보면, 보도가 1.5m이상이 되면 가로수를 식재할 수 있다고 하고 있다. 이것이 가로수 심기의 근거가 된 것이다. 가로수를 심을 때 도로관리부서와 협의가 있었다면 이런 일은 없었을텐테……

"폭 15m 이상 도로로서 보도폭 3m 이상인 도로에는 반드시 가로수를 식재하되, 도로의 여건에 따라 <u>보도가 1.5m 이상이 되는</u> 도로 또는 보도가 없는 도로에서도 식재할 수 있다." (도시계획관리수립지침 별첨3에서 일부 발췌)

4차로 이상의 신호등과 횡단보도가 있는 도로는 가로수로 인해 나타나는 문제라야 우리가 익히 알고 있는 간판이나 교통 표지 가림 정도이다. 그러나 이 문제는 이미 오래 전부터 알려진 것이라 가로수 관리청이 잘 알아서 대처하고 있다. 그러나 2차로 이하의 신호등이 없고 혹은 횡단보도가 없는 주거 지역 내 도로는 가로수로 인한 또 다른 문제가 있다. 운전자의 시야 장애가 그것이다. 학교 앞 도로와 같이 어린 초등학생이 많이 다니는 곳이라면 시야가 불량하다는 것이 얼마나 위험한지는 말할 나위가 없다. 도로교통공단의 2011년 교통사고 요인분석에 의하면 보행자 사고의 47.6%는 횡단 중에 일어나며, 운전자의 68%가 '전방주의 태만'으로 사고를 일으켰다고 한다. 이 말은 전방주의를 게을리하는 운전자의 시야에 없는 가로수 뒤편에서 길을 건너려는 아이가 얼마나 위험한가를 보여주고 있는 것이다. 이런 곳의 밤길은 무서운 곳이 되기도 한다. 가로등 불빛은 무성한 잎으로 차단되고 보도는 오히려 암흑이 된다. 어두운 밤이 되면, 주택가는 주차된 차량과 가로수가 만드는 어두운 보도로 인해 사람이 어찌돼도 모를 공간을 만들고 있다.

누가 뭐라 해도 가로수는 황폐화된 콘크리트 도시에서 사람을 자연에 동화시킨다. 아름다운 도시경관을 만들어 사람들을 기쁘게 하며, 사람이 모이는 장소를 제공하고 맑은 산소를 내어 사람들의 건강을 지켜주기도 한다. 이 모두를 부정하는 것이 아니다. 좀 더 디테

사진4
서울 종암2동 정릉천변 주거 지역. 빽
빽이 둘러싸인 가로수와 그 옆 주차 차
량으로 저녁이면 지나는 보행자가 눈
에 잘 띄지 않는다.

일해지자는 것이다. 사람들이 우선이 되는 가로에서 가로수가 사람
의 통행을 방해해서는 안 되고 밤길을 오히려 불안하게 만들면 안 된
다는 것이다. 일본이나 서구유럽에서 오히려 가로수가 무분별하지
않은 이유도 거기에 있지 않을까 생각한다.

　19세기 경제학 사상은 사물이 절대적이거나 고유한 가치를 갖고
있지 않다고 말한다. 이와 같은 관점을 가로수에도 적용하면, 가로
수의 가치는 나무 그 자체의 내재된 가치보다는 가로수가 주변에 미
치는 긍정적 영향의 정도를 가치로 보는 것이 더 합리적인 게 된다.

사진5 영국 런던London, 프랑스 파리Paris, 일본 미마사카美作市

가로수에 대한 예찬도 결국 가로수가 갖는 고유가치가 아니라 그 역할 때문이리라. 만약 가로수가 오로지 긍정적 역할만을 한다면 가로수의 가치는 클 것이지만, 가로 환경에 악영향을 주기만 한다면 그 가로수의 가치는 몇 푼어치도 안 될 수 있는 것이다.

이제는 가로수에 대한 무한한 애정에 비판적 시각을 가져야 한다. 적어도 사람이 걷는 가로 환경이 가로수보다는 우선해야 하지 않을까?

보도 높이. 충분히 낮춰도 된다.

3장 | 보도 낮추기

토요일 오후 내가 사는 월곡동의 아파트 단지를 거닐고 있었다. 최근 지어진 아파트라 여느 단지처럼 보도는 높지 않고, 도로교통법 상의 횡단보도는 아니지만 동과 동을 연결하는 곳엔 차도를 보도 높이만큼 올린 횡단보도가 있다. 그렇지만 단지 사람들은 일부러 그 횡단보도를 이용하진 않는다. 그냥 건너고 싶은 곳에서 보도를 내려와 건너는 게 보통이다. 이날도 평소처럼 걷다가 어느 장소에서 보도를 내려 길을 건너는 중이었다. 그런데 한 노인이 차도에서 보도를 보며 그냥 서있는 것이었다. 그래서 왜 그러세요? 도와드릴까요? 하고 물으니, 무릎이 좋지 않아 보도를 내려 길을 건너긴 했는데, 다시 보도로 올라가기가 어렵다는 것이다. 그래서 노인의 팔을 부축하여 도와준 일이 있었다. 그 보도의 높이는 25cm였다.

젊은 사람들에겐 보도의 높고 낮음이 그리 문제가 안 된다. 하지만 나이 많은 노인이나 어린아이들에겐 불편하고 위험한 것이 보도와 차도의 경계 높이, 즉 턱이 높은 보도이다. 큰 도로에서야 신호가 있고 보도턱을 낮게 처리 한 횡단보도를 이용해 건너지만, 주거 지역의 작은 도로는 아무 곳에서나 수시로 건너는 것이 다반사다. 따

사진1
대전 전민동. 구간 전체적으로 25cm를 넘고, 30cm가 되는 곳도 있다.

사진2
서울 하월곡동. 보도의 횡단보도 연결부가 1.0m 정도 밖에 되지 않아 불편할뿐더러. 보도가 높아 동서방향의 종단경사는 물론, 남북방향의 횡단경사가 불량할 수 밖에 없다.

사진3
경기도 일산. 보행자 전용도로를 잇는 횡단보도임에도 턱 낮추기를 하지 않은 모습이다. 사실 보행자 전용도로를 연결하는 경우에는 턱 낮추기보다는 차도를 보도 높이로 올리는 고원식 횡단보도를 설치하는 것이 정석이다.

라서 보도의 높이는 이들에게는 민감할 수 밖에 없는 것이다. 하긴 횡단보도라고 딱히 사정이 낫다고는 할 수 없다. 길을 건너기 좋도록 최근에는 턱을 2cm까지 낮추고는 있지만 그것도 휠체어가 이용할 수 있는 정도의 공간, 약 1.0m~1.5m 내에서만 낮춘 곳이 많고, 아예 그런 처리를 하지 않은 곳도 제법 눈에 띈다.

도시란 것이 지금까지는 온통 자동차의 안전과 편의 위주로 설계되어 온 통에 보도까지 살펴볼 여력이 있었겠는가? 서구 유럽이나 일본도 마찬가지였다고 생각한다. 생활의 여유가 생기면서 약자에 대한 인권과 배려가 시작되었을 것이다. 우리나라도 자동차에서 최근 보행 환경으로 그 관심을 바꾸어 가고 있다. 2009년 유효보도폭을 1.5m에서 2.0m로 상향 조정한 것이나, 2012년 '보행 안전 및 편의 증진에 관한 법률' 제정이 대표적인 예라 할 수 있다.

우리나라는 보도의 높이를 '도로의 구조시설 기준에 관한 규칙'에서 정하고 있는데 최대 25cm로 하고 있다[4]. 보도 정비가 잘 되어 있는 일본은 15cm[5], 지자체마다 다르긴 하지만 미국은 뉴욕New York 이 15cm[6], 유럽에서는 영국 런던London 이 12.5cm에 그친다. 우리와

---

4) 서울시 장애인 편의시설 설치 매뉴얼에는 이보다 낮은 6~12cm 로 하고 있고, 보도 설치 및 관리지침에서는 15~22cm로 정하고 있다.

5) 국토교통성(国土交通省), 보도의 일반적 구조에 관한 기준(2005)

6) Highway Design Manaual, Newyork(2008)

비교하면 10cm 이상 차이가 나는 것이다.

　높은 보도는 도시 가로를 확실히 열악한 환경으로 만든다. 우선 25cm 이상이 되면 자동차 문이 보도에 닿을 수 있다. 물론 25cm 이상의 이런 곳이 최근에는 많이 줄었다. 하지만 그렇다고 전혀 없는 것도 아니다. 최근 지어진 일산의 어느 유명 건설사의 아파트 단지 내 보도가 25cm를 넘는 것을 직접 눈으로 확인한 적도 있다. 이렇게 높은 보도에선 노인들이 건너편으로 가기가 결코 쉽지 않다. 천방지축 아이들도 보도 아래로 넘어지면 다치기 십상이다. 유모차를 끄는 아기엄마들은 어떻게 하라고? 이 아파트는 중간 중간에 동(棟)

사진5 프랑스 파리Paris. 보도가 낮아, 오히려 안전하고 편안한 보행 환경을 제공하고 있다.

간을 연결하는 고원식 횡단보도가 있을 뿐이었다. 겉은 화려하지만 걷고싶은 보행 환경을 제공하진 못했다.

높은 보도가 만드는 문제는 또 있다. 보도는 횡단보도와의 접점에서 단차를 2cm로 줄여야 하기 때문에 높은 보도는 보통 횡단보도 쪽으로 경사가 심하게 기우는 원인이 되곤 한다. 이런 경우는 횡단보도와 차도 사이의 단차를 줄이지 않느니만 못하다. 휠체어를 탄 사람이 앞으로 꼬꾸라지는 광경을 본적 있다는 동료의 얘기도 있었다. 우리나라 '장애인 편의시설 설치 매뉴얼(2002년)'을 보면, 횡단보도와 만나는 보도는 휠체어가 횡단보도를 안전하게 건널 수 있도

사진6 대전 전민동. 높은 보도로 인해 차문이 보도에 닿는다.

사진7 서울 안암동. 보도가 너무 높아 기형적인 횡단보도가 되어버렸다.

록 만나는 지점의 보도와 차도의 경계차를 2cm까지 낮추도록 하고 있고, 보도에서 횡단보도 방향으로의 경사를 1/18 이하로 하도록 하고 있다. 그러나 보도가 높은 우리나라는 이 기준을 만족시키지 못하는 곳이 태반이다.

가령, 2m의 폭을 가진 보도의 높이가 25cm라 할 때 나올 수 있는 횡단경사는 1/9이 고작 최선이기 때문이다. 턱없다. 25cm의 높은 보도가 1/18이라는 기준을 만족시키려면 보도폭은 적어도 4.1m는 되어야 한다. 같은 방법으로 15cm 높이의 보도라면 2.3m는 되어야 기준을 만족하게 된다. 12cm라면 1.8m이다. 여기에는 횡단보도를 건너지 않고 보도를 지나는 사람들을 위한 보도 폭 1.0m는 고려하지 않았다. 결국 이런 방

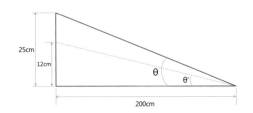

법으로 횡단경사를 만들게 되면 만족할 수 있는 보도를 만들 수 없다. 따라서 선진 외국처럼 보도 자체의 높이를 줄여야 한다. 그래야 말도 안 되는 횡단보도가 사라질 것이다.

법과 규정을 떠나 보도는 높아야 한다고 주장하는 사람들이 있다. 그들은 예측할 수 없는 차량의 돌진으로부터 보행자를 보호해야 한다고 믿고 있다. 또한 보도가 낮아지면 보도 위로 개구리 주차가 심해져서 안 된다고 한다. 서울시는 2007년 '보도턱 낮추기 시설 설치 개선 및 운용지침'을 통해서 횡단보도 전체를 턱 낮추기 하는 것은 횡단보도를 통한 차량의 보도진입을 초래한다하여 횡단보도 중 폭 1.0m~1.5m 내에서만 턱 낮춤을 시행토록 하고 있다. 이 지침 때문에 보행자는 턱 낮춤 없는 횡단보도로 내려와야 한다. 게다가 턱 낮춤을 한 곳도 보도 폭이 좁고, 급한 경사로 인해 휠체어가 원래 의도와는 반대로 이용하기 어려운 경우가 많아졌다.

이 모두는 전형적인 자동차 중심의 사고(思考)가 빚어낸 생각들이다. 높은 보도라 해도 절대로 예측 불가능한 돌진 사고로부터 보행자를 지켜낼 순 없다. 그렇지만 다행히도 보도로 돌진하는 차량은 흔치않다. 그러니 보도를 높여 말도 안 되는 위험에 대비하느니 차량의 속도를 낮추거나, 도로의 구조적 원인으로 인해 보도 침범의 여지가 있는 곳에 휀스나 볼라드와 같은 대비책을 찾는 것이 훨씬 더 효율적

사진8 경기도 동탄. 횡단처리 처리가 잘 된 횡단보도

사진9 스위스 취리히(zürich). 횡단보도 처리가 잘 된 사례

사진10 충청남도 공주시. 보행우선구역 사업을 통해 보도 높이를 낮춘 우수 사례

사진11 일본 신덴 하트아일랜드(新田 ハートアイランド)

사진12 일본 기타큐슈(北九州)

사진13 스위스 취리히(zürich)

인 방법일 것이다. 또한 개구리 주차 문제도 그렇다. 그것이 보도턱이 낮은 것이 원인이란 것은 말도 안 된다. 개구리 주차는 보도의 높이와 하등 관계없다. 설사 25cm 이상의 보도라도 타 넘지 못할 자동차는 없기 때문이다. 그 보다는 주차장이 부족한 우리 도시의 특성상 그러한 주차에 대한 관대함이 진짜 원인일 것이다.

생활가로에서 보도는 특히 낮아야 한다. 자전거를 위한 전용차로는 물론 자전거 · 보행자 겸용도로 조차 운용이 어려운 곳이다. 으레 자전거는 필요에 따라 보도와 차도를 들락거리게 된다. 고학년의 초등학생만 해도 차도와 보도를 쌩쌩 내달린다. 이 어린 소년들이 그때마다 차도로 뛰어 내리고 보도로 뛰어 오르는 모습을 주변에서 쉽게 볼 수 있지 않은가? 보도 높이는 10cm 이하로도 족할 것 같다. 아니면 일본처럼 연석을 깎아 처리하는 것도 한 방법이다. 보도의 높이를 낮추는 것에 두려워 할 필요는 없다. 보행우선구역 같은 곳은 아예 보도가 없으면서도 안전한 가로 환경을 만들고 있지 않은가? 염려가 되는 곳은 안전시설을 보강하고, 문제를 일으키는 자동차는 단속하고, 지도하면 될 일이다.

공지에서 걷어내야 할 것들

공지 위의 사적 소유물들은 완전하게 제거되어야 한다.

4장 | 공지에서 걷어내야 할 것들

    점심시간이면 가끔 회사 근처에 있는 테크노밸리(대전)로 간다. 계획도시에 맞게 도로가 잘 정비되어있고 주변의 많은 아파트와 큰 상업 지역이 발달되어 있어 사람들로 붐비는 곳이다. 그런 이곳에 눈에 거슬리는 것이 있다. 공지 위에 주차한 자동차들이 그것이다. 주차하고 있는 그 공간들은 보행자를 위한 공간인데 자동차들이 점령하고 있다. 사진1의 차량들은 보행자 전용도로에 만들어진 전면 공지이다. 그렇지만 어떻게 들어왔는지 버젓이 잘도 세워져 있다.

사진1 대전 테크노밸리. 보행자 전용도로 전면공지 위에 주차하고 있는 차량들

이런 곳이 어디 여기뿐이랴, 사실 전국 어디를 가나 쉽게 볼 수 있는 것 아니겠는가.

공지는 한자로는 空地, 영어로는 open space를 의미한다. 건축법[7]상으로는 '대지 안의 공지'로서, 새로운 건물이 들어서거나 기존 건물을 용도변경 할 경우, 외부 공간 조성이나 보행 환경 개선을 위하여 건축주가 내놓는 일정 면적 이상의 공간을 말한다. 공지는 공개공지, 공공조경, 전면공지로 구분한다.

공개공지는 '건축법 시행령 제27조 2항'에서 명시하고 있는데, 연면적의 합계가 5천㎡ 이상인 건축물을 세우려 할 때 시민이 사용할 수 있도록 휴식시설로 조성한 공간을 말한다. 공개공지는 대지면적의 10% 이내에서 결정되는데, 공개공지를 내놓는 대신 건물주는 높이 제한이나 용적률에 대한 인센티브를 받게 된다.

공공조경은 건축물 앞 도로(보도 포함)와 해당 건축물 사이에 확보된 공간으로서 가로 미관의 증진, 쾌적한 보행 환경, 소음 억제, 생태적 건강성 확보 등을 위하여 지구단위계획에서 공공조경으로 지정된 공지를 의미한다.

---

7) 건축법 제58조, 건축법 시행령 80조의 2

전면공지는 공공조경과 같이 건축물 앞 도로와 해당 건축물 사이에 확보된 공간으로 보도 확보나 차도 확보를 위해 조성된 공간이다. 전면공지는 보도연접형 전면공지와 차도연접형 전면공지로 구분하여 지정한다. 전자는 보도 또는 보행자 전용도로와 접한 전면공지로서 보도로서의 기능을 담당할 수 있도록 조성한 것이며, 후자는 보도가 없는 도로와 접한 공지로 차량 또는 보행자를 위해 조성한 공간을 말한다.

사진2 경기도 분당. 사진 오른쪽이 시민의 휴식시설로서 제공된 공개공지이다.

사진3 경기도 분당. 사진 오른쪽에 공공조경으로 가로수를 조성하였다.

사진4 경기도 분당. 사진의 가로수를 경계로 건물 쪽이 보도연접형 전면공지이다.

사진5 경기도 분당. 사진 좌우측에 보이는 보도가 차도연접형 전면공지이다.

공지는 만들어지는 과정이 사적 재산에서 시작하지만, 이용의 권리와 주체는 공공에 있게 된다. 따라서 사진1의 공지 내 주차 차량은 분명 문제가 있는 것이었다. 공공을 위한 공간을 사적인 목적으로 전용(轉用)했으니 이는 명백히 위법인 것이다. 그런데 이런 사례는 부지기수(不知其數)다. 명동이나 신촌, 홍대역, 테헤란로 등 어느 지역을 봐도 예외가 없는 것 같다. 분당에는 서울의 청담동 같은 고급스러운 테라스 거리가 있다. 아름다운 유럽풍 카페와 이탈리안 레스토랑이 마치 외국에 와 있는 듯 착각에 빠지게 할 정도이다. 그러나 이들 테라스의 거의 대부분은 전면공지 위에 테이블과 난간을 설치하여 만든 것이다.

사진6 경기도 분당. 전면공지 위에 설치된 테라스

공지의 사적(私的) 전용은 당초 취지를 벗어나 보행 환경을 저해하는 요인이 된다. 가장 흔한 사적 전용의 예인 공지 위 차량 주차 역시 차량의 보도 침입을 수반하여 보도를 망가뜨리고, 건축물과 보행자를 단절시킨다. 그렇지만 이런 행위에 대한 단속까지는 행정력이 미치지 못하는 가 보다. 그들을 향한 경고를 아직 듣거나 본 적이 없다.

결국 이 나라의 공지는 공공을 위한 공간이 아닌 개인 건물주의 사적인 공간으로 전락해버린 듯하다. 건물주가 공지 위에 영업을 위한 테라스를 설치하고 테이블을 놓는다든지, 자기 사업장의 전시물을 설치해도, 주차장을 만들기 위해 공지와 보도 사이에 높은 턱을 두어도 대개의 사람들은 이런 사실을 모르는 것 같다. 소위 교통을 전공했다 하는 나조차도 건물 앞 공지의 테이블이나 주차장으로의 전용을 당연한 것으로 생각해 왔으니 말이다. 특히 주거 지역 전면 공지에 설치된 불법주차는 도가 지나치다.

사진7 서울 오패산로 어느 빌딩 앞. 전면공지와 보도사이에 단차를 두어 오히려 시민의 보행 환경을 저해하고 있다.

사진8 경기도 일산. 주거 지역 내 전면공지 위 주차 차량이 매우 심각하다.

사진9
경기도 분당. 보도는 오른쪽 공지
와 함께 넓은 보행 환경을 제공
할 수 있었지만, 가게 광고판이
나 진열품 등으로 제 역할을 못
하고 있다.

사진10
서울 오패산로 3길 어린이보호구
역. 건물 전면공지를 개인 주차장
으로 쓰고 있는 모습

사진11
경기도 일산. 주차장을 바로 옆에
두고도 공지 위에 주차하고 있다.

이 모두는 공지를 사유지처럼 착각하게 만드는 위법적 행위들이다. 김세용 외(1997)[8]의 수도권 251개 필지에 대한 조사 결과를 보면, 공지와 보도간의 단차를 두면 안되는데도 불구하고, 전체의 69%가 공지와 보도간의 단차가 15cm 이상이었으며, 45cm 이상인 곳이 27%에 달한다고 하였다. 게다가 공지 위에 주차선을 그려 주차장으로 쓰는 예는 워낙 많아 조사에서 제외할 정도였다고 한다. 이 정도라면 건축주의 의도를 의심하지 않으려야 않을 수 없다.

공지는 법이 정한 공적 공간이다. 다시 말해 시민의 공간이다. 2007년 9월 14일자 서울신문(30면)에 따르면 테헤란로 일대의 150여개 건물의 공개공지 면적은 10,272㎡ 에 이르는데, 공지를 내놓은 건물주는 지자체로부터 용적률 1.2배, 높이 1.2배의 인센티브를 받았다고 한다. 이로 인해 얻은 경제적 이익은 연간 10억 원에서 50억 원에 이른다고 하니, 공지를 사적용도로 사용하고 있다면 이들은 이중으로 불법적 이익을 얻고 있는 셈이 된다.

따라서 공지로부터 사적 소유물들은 완전하게 제거되어야 한다. 그 공간들은 불법적으로 점유된 것이며, 그 공간들은 건물주의 탐욕을 채우기 위한 공간이 아니라 시민의 공간이기 때문이다. 특히 자동차

---

8) 김세용, 양동양, 도시 공공공간의 쾌적성 방해요인의 분석에 관한 연구, 도시설계구역 내 공개공지를 대상으로, 대한건축학회논문집 제13권 2호, 1997.2

를 들어내는 강력한 행정제제가 필요하다. 공지 위의 주차는 '자동차는 어디서나 우선한다'는 후진적이고 왜곡된 생각을 갖게 하기 때문이다. 공지 위 주차 문제는 도로 불법주차와는 다르다. 도로 불법주차는 정부의 책임이 있고 다양한 방법(예; 공공 주차장의 확보)을 통해 해결하지만, 공지 내 주차장은 그대로 공공이 돌려받아야 할 권리이기 때문이다.

전문가들은 도심 활성화를 위한 공간 활용의 방편으로 공지를 고민하고 있다. 그러나 그런 고민 이전에 공지를 시민에게 제대로 개방부터 하여야 한다. 특히 주차선을 지우고 공지를 비우는 것이 첫 번째로 할 일이다.

만원(萬怨)의 불법주차

보행자 교통사고의 이면에는 반드시 불법주차가 관련되어 있다.

5장 | 만원(萬怨)의 불법주차

우리나라의 어느 도시를 가도 쉽게 볼 수 있는 것이 불법주차다. 큰 도로나 작은 도로, 보도 위 어디라도 공간만 있으면 어김없다. 불법주차. 우리나라에서 이 위세는 정말 대단하다. 맹렬하다. 낮이라고 밤이라고 다르지 않다. 걷고자 해도 보도 위로 올라온 자동차에, 길을 막고 있는 자동차에 막혀버리고 만다. 아이들이나 노인들, 그리고 장애인에게는 이런 보도와 도로는 무법천지, 위험천만의 장소가 된다. 특히 개구쟁이 동네 아이들은 운전자들이 놓치기 십상인데, 아이들이 불법주차 된 자동차 사이를 비집고 튀어 나오기라도 한다면 어떻겠는가? 어린이 사망자의 60%는 보행 중에 일어난다고 하는데 불법주차가 이 책임에서 얼마나 자유로울 수 있을까?[9]

도로에 세워진 단 한 대의 차량이라도 그 차량으로 인해 점유된 도로는 병목이 발생하며 자동차 통과 용량을 고스란히 뺏어간다. 그때는 3차로가 3차로가 아니며, 2차로가 2차로가 아니다. 도로에 주차된 한 대의 차량 때문에 정체가 발생할 때면 시간을 도둑맞는 것 같아 정말 화가 난다.

---

9) 경찰청, 2009년 교통사고 통계

사진1 경기도 일산. 오후. 학교 앞 불법주차 차량이 도로 좌우로 가득하다.

사진2 서울 하월곡동. 화재발생 시 소방차 진입이 불가능하다.

또 주택가의 불법주차 차량은 위급 시 긴급차량의 진입을 어렵게 하는 경우가 많다. 소방차가 진입하지 못해 화재진압에 애를 먹었다는 뉴스를 우린 심심찮게 듣지 않는가? 그로인한 사회적 비용을 어찌 계산할 수 있으랴? 하지만 아무도 개의치 않는다. 불법주차를 당연시 여기는 풍조가 만연하고, 주차단속에 걸리면 재수 없는 날로 치부되고 만다.

우리나라의 모든 교통 문제는 불법주차에서 시작된다고 해도 과언이 아니다. 특히 쾌적한 주거 환경, 보행권이 우선되어야 할 주거지역의 가로 환경은 매우 심각한 지경이다. 보도 위는 물론이요, 단속이 없는 날에는 보행자 전용도로에서도 불법주차를 볼 수 있을 정도이다.

일본을 가보면 가로 환경이 우리와는 사뭇 다르다는 것을 확

사진3
경기도 일산. 불법주차 차량으로 인해 보행 환경이 매우 열악한 주거 지역

사진4
일본 키타규슈北九州. 일본 주거 지역에는 이와 같은 주차장을 많이 볼 수 있다.

사진5
서울 월곡로 5길. 주택지의 불법주차 차량들로 보행자들이 차로 중앙으로 내몰리고 있다.

연히 느낄 수 있다. 그런데 그 사뭇 다르다는 것은 아름다운 건축물이나 자연 환경 때문이 아니라, 도로에 주차된 자동차들을 전혀 볼 수 없다는 데에 있다. 일본이 우리보다 자동차가 적은 게 아니다. 인구 1000명 기준에 우리나라가 355대인데 반해 일본은 532대나 되니 말이다(2011년 기준). 그렇지만 일본은 집이 작아도 안에 주차장을 두고 있고, 가까운 거리엔 반드시 값싸고 편리한 공영 혹은 민영주차장을 쉽게 찾을 수 있다. 자동차란 자동차는 모두 이 주차장들이 흡수해버린 것처럼 거리는 늘 조용한 것이 일본이다. 이 조용한 거리를 보면서 우리나라의 교통 문제는 모두 '불법주차 때문이다'라는 확신을 가진 적이 수없이 많다.

우리나라는 불법주차가 왜 그리 많은 건가? 차량이 많아서인가? 주차장이 부족해서인가? 아니면 주차비가 아깝거나 주차장이 멀기 때문인가? 통계청의 '시민의 교통 환경 만족도 조사'에 의하면, 1997년까지만 해도 국민들은 '열악한 대중교통'을 가장 큰 불만이라고 꼽았지만, 2007년엔 '주차장 부족'이 가장 큰 불만이라고 응답하고 있다. 서울시만 해도 2010년 말 승용차 등록대수는 228만 3000대, 주택가의 주차 공간은 220만 7000면으로 주차장 확보율이 겉으로는 96.6%에 이르는 것처럼 보이지만, 과거에 지어진 아파트나 다가구 밀집 지역의 주차장 확보율을 합치면 아직도 60% 이하에 불과한 실정이다. 양천구 신정지구는 서울시에서도 주차 환경이 열악하기로 유명한 곳 중 하나인데, 이곳의 실제 주차장 확보율은 10%도 안된다고 한다. 이 같은 주차장의 부족은 서울시 자동차의 60%를 집 근처 도로에 불법적으로 주차하게 하는 현실로 나타나고 있다.

불법주차는 대형 교통사고의 원인이 되기도 한다. 전체 교통사고에서 불법주차된 차량과의 추돌사고는 무려 8.8%로, 1년 평균 14,000건, 하루 평균 40여건에 이른다고 한다. 게다가 사고가 간선도로에서 발생하고 주차 차량 안에 사람이 타고 있을 경우 치사율은 15.9%로, 차 대 차 사고의 치사율 2.9%나 차 대 사람의 치사율 4.8%에 비해 훨씬 높은 것으로 알려져 있다.[10] 불법주차로 인한 보행자 사고는 더욱 심각하다. 불법주차는 사람을 도로 가운데로 밀어내고, 보도에서 차도로 내몬다. 밤이면 이런 상황은 오히려 더 심해진다. 실제로 2008년 동네 골목길처럼 작은 도로에서 발생한 교통사고는 전체 교통사고의 35%에 이르는데, 보행자 교통사고의 이면에는 반드시 불법주차가 관련되어 있다고 믿어 의심치 않는다. 따라서 생활가로에서의 불법주차는 자동차가 보행자에 가하는 이기적인 폭력이라고 할 수 있다.

---

10) 황인철, 강일형, 임수길, 교통안전을 고려한 노상주차실태조사 연구 - 생활도로와 간선도로를 대상으로-, 대한토목학회논문집, 제30권, 제5D호, 2010.9

사진6 경기도 동탄. 주차할 공간이 있는 곳은 모두 차량들이 주차하고 있다.

사진7 서울 수서 영구임대아파트. 오후 낮인데도 주차장은 차량으로 꽉차있다.

그렇다면 불법주차가 발생한 원인은 무엇일까? 간단하다. 주차장의 부족 때문이다. 그렇다면 왜 주차장이 부족한 걸까? 여기에도 나름 사정이 있다. 1980년대 이후 급격한 경제발전과 함께 지가(地價)도 함께 급상승하였다. 그러다보니 땅 위에 건물이 아닌 주차장을 만드는 일은 전혀 합리적인 일이 아니었다. 그 와중에 정부는 1990년대초 주택 부족을 메우기 위해 주택건설 200만호를 목표로 수도권에 5개 신도시를 건설하면서 다세대, 다가구 주택 건설을 장려하는 정책을 폈다. 그 결과 아파트는 물론이고 단독주택의 반지하까지 거침없이 찍어내는 통에 당시 주차장 건설은 크게 신경쓰지 못했다. 당시 아파트의 주차장이 세대기준 0.5대에 불과할 정도였으니 말이다. 게다가 저소득층을 위한 '주거환경개선지구'사업은 건축물간 거리, 일조권, 그리고 주차장 설치 기준을 완화하는 등 이 역시 주차공간이 부족한 주택 양산에 기여해 왔다. 따라서 어찌 보면 오늘날의 불법주차는 불가피한 면이 없지 않다고 할 수 있다.

다행히 정부는 이 문제를 일찍부터 인지하고 있었던 것 같다. 별다른 성과는 내지 못했지만, 차고지 증명제를 도입하려 했었고, 거주자 우선 주차제를 시행하고 있기 때문이다. '차고지 증명제'는 시행 여건을 제대로 갖추지 못했기에 매번 시작부터 삐걱거려 왔고, '거주자 우선 주차제'는 대도시 전역으로 확산되는 대단한 성공(?)을 보였지만, 이 성공으로 인해 주택가에서 밀려난 자동차들이 간선도로로 내몰리는 형국이 되고 말았다.

이 두 정책에 대해 좀 더 자세히 살펴보자. 거주자 우선 주차제는 주택가 이면도로에 주차구획선을 설치하여 거주자에게 유료로 주차면을 배정하고 거주자에게 주차 우선권을 부여하는 제도이다. 이 제도는 차고지 공급을 증대시키는 한편 허가된 주차 구획 이외의 주차를 금지시켜 쾌적한 주거 환경 도모를 목적으로 하고 있다. 런던London, 파리Paris, 암스텔담Amsterdam, 샌프란시스코San Francisco 등 이미 심각

사진8 인천. 거주자 우선주차구역

사진9 서울 성북구에서 운영하고 있는 거주자 우선주차장

사진10 일본 교토京都. 집집마다 마련된 주차장에 차들이 주차되어 있어 거리는 더 없이 깨끗하다.

한 주차 문제를 겪고 있는 많은 도시에서 시행하고 있고, 우리나라
는 1997년을 시작으로 지금은 여러 도시에서 시행 중에 있다. 이 제
도는 주차면을 일부 확보하는 효과는 있지만 주차 수요가 워낙 커서
주차면을 확보하지 못한 차량을 불법적인 곳으로 몰아내는 부정적
효과를 내기도 하였다. 어느 조사에 따르면 거주자 우선 주차제 시
행 지역에서 주차 차량의 70%는 불법주차라고 한다.

차고지 증명제는 새로 자동차를 등록하거나 변경 이전 등록을 할
경우 차고를 확보하도록 하는 제도이다. 우리나라에서도 1989년
이래로 네 차례나 전면 도입을 시도했으나 자동차 업계의 반발과 반

사진11 경기도 분당. 유료주차장 빌딩이 바로 앞에 있어도 도로변에는 불법주차가 많다.

대 여론 등에 부딪혀 모두 실패하고 일부 지자체에서 제도의 일부만
을 시범적으로 시행하는 등 그 명맥을 간신히 유지하고 있을 정도이
다. 서울에서 영업용 차량에 한해 적용하는 것과, 제주도에서 '제주
특별자치도특별법'에 근거해 2007년부터 2000cc 대형차, 36인승
이상 승합차, 5t 이상 화물차 등 대형 차종에 한해서 일부 시행하고
있는 것이 그것이다.

차고지 증명제가 가장 성공적으로 정착된 국가 중의 하나는 일본
이다. 일본은 1962년부터 '자동차 보관장소 확보 등에 관한 법률'에
근거하여 차고지 증명제를 시행하고 있다. 그리고 이 법을 통해 주

사진12 경기도 일산. 웨스턴돔 주변에 4개의 대형 공영 주차장을 제공하는 대신 강력한 불법주차 관리를 통해 쾌적한 가로 환경을 제공하고 있다.

택가 주차 문제를 효과적으로 해결해 냈다. 이 법은 일본의 자동차 보유자가 자동차의 보관 장소를 사용 본거지로부터 2km 이내(1991년 개정 이전엔 500m 이내)에 확보해야 자동차 등록이 가능하도록 하고 있다. 이 차고지 증명제 실시로 차고지 확보율은 1962년 40%에서 시작하여 1971년에는 80%에 이르고 있다.

그렇다면 우리나라는 어떤가? 전면적 시행이 불가능한가? 주차 문제의 대부분이 오래 전에 지어졌던 아파트나 다가구 밀집 지역임을 고려할 때 차고지 증명제는 여전히 가난한 국민들을 옥죄는 일이 될 가능성이 높다. 차고지 증명제를 성공적으로 시행하기 위해서는 우선 일본과 같이 충분한 주차장이 필요하다. '내 집 주차장 갖기' 사업에 정부의 더 많은 지원이 필요하며, 동시에 공영 주차장과 민영 주차장도 더욱 활성화 시킬 필요가 있다. 그리고 이들 주차장은 접근하기 좋은 곳에 있어야 한다. 분당에 위치한 노외 주차장 몇 군데를 조사한 적이 있다. 그런데 이들 주차장은 이름만 주차장이지, 자동차 수리 센터, 가게와 식당, 타이어 판매장으로 사용되고 있었다. 주차장이 아니었다. 주차면도 적었으며, 주차를 하려면 건물로 들어가서는 몇 층이고 올라가서야 겨우 주차가 가능했다. 이제 무늬만 주차장이 아닌 실질적으로 주차 수요를 흡수할 수 있는 주차장을 고민해야 할 것이다. 그 대안으로 일산에 위치한 평면 주차장이 좋은 예가 될 것이다.

교통안전, OECD 중 최하위

교통안전대책에서 빠진 단 하나, 사람

6장 | 교통안전, OECD 중 최하위[11]

우리나라는 세계적으로 수입 13위, 수출 10위에 이르는 엄청난 경제 규모를 갖고 있는 국가이다. 그러나 교통사고만을 놓고 보면 얘기는 전혀 달라진다. 과거 세계 1위의 교통사고율을 자랑하던(?) 때와는 확연히 달라졌지만, 아직도 OECD 평균 두 배를 넘는 교통사고는 우리나라가 여전히 개선해야 할 것들이 많음을 보여준다. 참고로 2011년 한 해 동안 우리나라에서는 교통사고가 총 221,711건이 발생하였고 5,229명이 사망하였다. 자동차 1만 대당 사망자가 2.8명으로 OECD 평균인 1.2명에 크게 웃도는 것을 비롯하여 교통안전의 여러 지표에서 OECD 가입국 평균을 크게 웃돌고 있는 실정이다.

특히 선진 외국과 비교할 때 우리나라의 보행자 사망률은 월등히 높은데, 2009년 기준으로 전체 교통사고 사망자에서 보행자가 차지하는 비율이 무려 36.6%나 되는 것으로 나타났다. 이것은 미국 12.1%, 영국 22.4%, 프랑스 11.6%, 독일 14.2% 등 주요 OECD 회원국들의 보행자 사망자 비율과 비교할 때 거의 두 배 가까이 되

---

11) 본 장은 도로교통공단의 2011년 교통사고 요인분석 보고서와 경찰청의 2011년 교통사고 통계 보고서, 그리고 도로교통공단의 TASS(교통사고분석시스템)을 통해 얻은 자료를 활용하였다.

사진1 캐나다. 보행 안전을 위해 횡단보도를 좁힌 사례이다. (출처 : 위키피디아, 저자: Richard Drdul)

는 수준으로 매우 심각한 상황이라는 것을 알 수 있다. 이처럼 보행자 사망률이 높다는 것은 우리나라의 교통이 안전 측면에서 무척이나 소홀했었다는 것을 보여주고 있는 것이다. 게다가, 더 큰 문제는 보행자 사망률이 2005년 이후 더 이상 감소하지 않고 있다는 것이다. 이런 상황은 지금의 보행자 교통안전 대책이 더 이상 작동하지 않는다는 것으로서, 그 이유를 밝히고 새로운 대책이 필요한 때임을 의미하는 것이다.[12]

실제로 우리나라의 주거 지역은 어린이보호구역이나 아파트 단

---

12) 우리나라는 '90년 후반이후 교통사고 사망률의 주원인이 되고 있는 보행자 안전을 위한 각종 안전 대책을 추진하여 왔다. 그 결과 1990년 전체 교통사고 사망자의 49.8%였던 보행자 사망률이 2010년에는 37.8%로 많이 감소한 것은 분명하나, 선진외국과 비교할 때 아직은 낮은 수준이다.

지 조차도 보행자가 안전한 곳이 없다. 불법주차로 인해 보행로를 빼앗긴 사람들은 차로로 밀려나기 일쑤다. 거기에 자동차의 속도는 높고, 횡단보도 표지가 없으며, 횡단보도 이외의 지점에서 건너는 사람들을 위한 주의 표지도 볼 수 없다. 또한 차량의 완전한 일시정지가 필요한 곳에서도 차량은 멈추지 않는다. 결국 지금까지의 교통안전 대책이란 것이 보도와 차로를 분리하고, 횡단보도와 신호등, 과속방지턱을 설치하는 정도에 머무르고 있고, 애초부터 이 이상의 개선의 의지는 없었던 것이 아니었을까?

올 추석 때의 일이다. 그날 저녁 처갓집을 다녀오는 길이었는데 보도 한 켠에 향과 촛불, 그리고 꽃다발이 놓여 있었고, 중년의 부부

사진3 서울 장위동. 우리나라의 위험한 가로 환경의 전형적인 모습이다.

가 말없이 그 옆에 앉아 있는 모습을 본 적이 있다. 그분들의 아이가
그 곳에서 교통사고를 당했음이 분명하다. 그곳은 중학교 앞 2차로
의 작은 도로인데 도로 앞쪽으로 경사가 매우 급한 언덕이 있고, 언
덕 너머의 자동차들은 맞은편 방향의 차들이 보이지 않을 정도로 시
야가 좋지 않은 곳이다. 게다가 불법주차 차량이 많아 학생들의 모
습이 자동차에 가려 잘 보이지 않는다. 누가 봐도 위험해 보이고 반
드시 일시정지나 적어도 서행이 필요한 곳인데도 횡단보도가 있다
는 것과 서행 조심이란 표지판 외에 다른 조치는 없었다. 이곳이야
말로 일시정지 노면 표지가 필요하고 속도제한 표지가 필요하고, 횡
단보도 표지는 물론 보행자 주의 표지까지 설치했어야 했다. 그리
고 무엇보다 강력한 단속을 시행하여 사고의 원인이 되는 불법주차
도 없애야 했다.

미국에서 운전을 해본 사람들은, 미국 주거지 내 환경이 보행자에게 얼마나 안전한지를 알고 있다. 작은 도로와 도로가 만나는 곳이나 큰길로 들어서는 곳에선 어김없이 일시정지 표지가 있다. 횡단보도에는 커다란 횡단보도 안내 표지가 양쪽으로 있고, 횡단보도 표지 앞뒤에도 보행자 주의 표지가 있다. 그리고 자동차들은 어김없이 그 앞에서 일시정지한다. 슬금슬금 지나서도 안 된다. 완전히 정지한 후 다시 출발해야 한다. 그렇게 하지 않다가는 몇십만원 하는 벌금을 내야 한다. 횡단 보행자가 이곳에선 완전하게 보호받고 있구나 하는 생각을 갖지 않을 수 없었다. 우리나라는 어떤가? 횡단보도를 들어서려는 보행자가 오히려 자동차가 지나가길 기다리고 있다가 건너는 것이 예사 아닌가?!

이번 장에서는 우리나라 보행자 교통사고의 현황 및 원인을 살펴보고 보행자 교통안전 환경의 개선 방향을 생각해 보았다.

교통사고 통계

2011년도의 우리나라 교통사고 발생건수는 총 221,711건으로 1일 평균 607.4건이 발생하였다. 이것은 인구 10만명 당 452.6명, 자동차 1만대 당 101.2명에 해당한다(표1). 교통안전의 중요 지표인 교통사고 사망자수는 5,229명이었고 최근 10년간 꾸준히 감소해왔다. 그러나 OECD 국가와 비교하면, 우리나라의 교통안전은 갈 길이 멀어

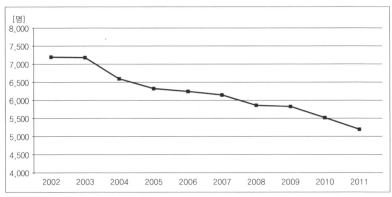
그림1 최근 10년간 교통사고 사망자 추이

만 보인다. 가령 자동차 1만대 당 사망자수를 보면 2009년 현재 2.8
명으로 상위 5위 내 국가 0.7명에 비해 4배나 높은 수준이다(표2).

　교통사고 사망자의 사고발생 유형을 살펴보면 2011년 '차 대 사
람'이 38.2%, '차 대 차'가 40.1%로 전체의 78.2%를 차지하고 있
다. 또한 사고당시 피해자는 '보행 중'이 39.1%로 가장 많았고, 그
다음이 '자동차 승차 중' 33.1%, '자전거 승차 중' 12.3% 이었다. 특
히 작은 도로에서 일어나기 쉬운 '보행 중'과 '자전거 승차 중'을 합치
면 51.4%나 되었다. 그리고 가해자의 사고당시 법규위반은 '안전운
전 불이행'이 73.2%로 가장 큰 원인을 차지하고 있다(표3).

　또한 교통사고는 사망자나 부상자 모두 도로폭이 13m 이내의 크
지 않은 도로에서 많이 발생하였다. 도로폭이 작은 도로에서는 '차 대

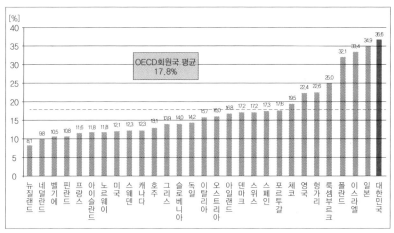

그림2 전체 사망자에서 보행 사망자가 차지하는 비율 (2009년)

차' 사고로 인한 사망자나 부상자가 많지 않을 것이라고 생각되므로 이곳에서의 사고는 주로 보행자와 관계가 크다고 생각할 수 있다(표4).

우리나라의 보행자 교통사고는 2010년 당시 49,353건으로 2,000년 이후 전체적으로는 감소했다고 볼 수 있으나 2005년 이후로는 오히려 증가 경향을 보이고 있다. 사망자나 부상자수도 2005년 이후에는 큰 변화가 없었다. 특히 전체 사망자에서 보행 사망자 점유율은 지난 10년간 35%를 계속해서 넘고 있다. 이것은 현재의 교통안전 정책이 적어도 보행자 사고에 대해서는 실효성이 없음을 의미한다(표5).

그림2는 전체 교통사고 사망자 중에서 보행자 사망이 차지하는

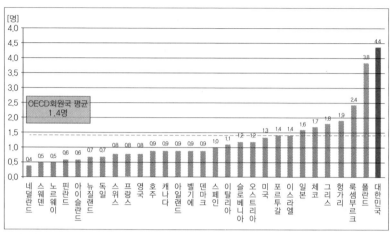

그림3 인구 10만명 당 보행자 사망자수 (2009년)

비율을 보여주고 있는데, 이를 보면 우리나라의 보행자 교통안전 환경, 즉 가로 환경이 OECD의 다른 국가에 비하여 특히 좋지 않다는 것을 알 수 있다. 또 그림3을 보면 우리나라의 교통사고로 인한 보행자 사망자수는 10만명당 4.4명으로, OECD 평균 1.4명에 대해 3.1배이며, 미국(1.3)의 3.5배, 일본(1.6)의 2.8배, 가장 낮은 네덜란드(0.4명)의 11배나 된다(표6).

2006년부터 2010년까지 발생한 보행자 교통사고(총 236,417건)를 사고 직전 속도별로 제시한 자료에 따르면 전체 보행자 교통사고의 78.5%가 50km 이하의 속도에서 발생했다고 한다. 즉, 보행자 교통사고가 간선도로와 같은 큰 도로보다는 작은 도로에서 많이 발생한 것이다(표7).

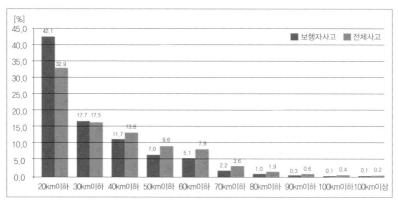

그림4 사고 직전 속도별 보행자 교통사고 현황 (2006년~2010년)

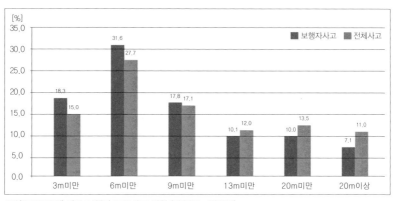

그림5 도로폭에 따른 보행자 교통사고 현황 (2006년~2010년)

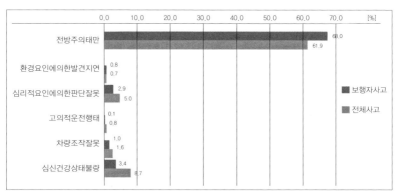

그림6 운전자의 교통사고 발생원인 (2006년~2010년)

그림5에서 보이는 것처럼 보행자 사고는 13m 미만에서 77.8% 를 보이는 등 역시 작은 도로에서 많았다. 특히 6m 미만에서만 49.9%로 보행자 사고의 반이 좁은 골목길에서 발생했다(표8).

마지막으로 사고 발생 원인을 보면, 보행자 교통사고의 대부분 은 운전자는 직진 혹은 회전 중에 있었고 보행자는 횡단 혹은 진행 중에 있었으며, 또한 사고 직전 운전자는 전방주시태만 상태였다(표9, 표10).

보행자 교통안전 환경 개선방향

지금까지 살펴본 바에 따르면 우리나라의 교통사고는 OECD 국 가들과 비교할 때 많이 부족하다는 것을 알 수 있었다. 특히 2005년 이후 줄지 않는 보행자 사고 사망자수는 우리나라 보행자의 교통안 전 대책의 한계와 새로운 대안의 필요성을 말하고 있다.

정리하면, 우리나라의 보행자 교통사고는 9m 이내의 작은 도로 에서, 그리고 횡단 중에 많이 발생하고 있었다. 또한 낮은 속도에서 보행자 교통사고가 많았는데 운전자가 보행자의 출현을 쉽게 인지 하지 못했음을 의미한다. 주거 지역 내 도로 중 보도와 차도가 분리 되지 않았거나, 4차로 이내의 작은 도로가 여기에 해당한다고 판단 된다. 실제로 4차로 이상의 도로는 대체로 차량과 보행자가 잘 분리되어 있고, 통행방법도 신호등을 통해 이루어지고 있어 보행자와 차량의 도로 이용체계가 단순하다.

반면 작은 도로, 다시 말해 4차로 이하의 도로들은 보행자들의 횡단 방법이 복잡하고, 횡단보도나 신호등으로 보행자와 자동차의 통행을 통제하지 않는 것이 일반적이다. 따라서 현재 수준 이상의 교통안전 대책이 요구된다고 할 수 있다.

지금까지의 분석 결과를 통해, 보행자 교통사고를 감소시키기 위한 기본방향을 아래와 같이 제시한다.

① 보행자 교통안전 대책은 4차로 이하의 작은 도로에 우선적으로 집중해야 한다.
② 보행자 교통안전 대책은 도로를 횡단하는 보행자를 우선적으로 대상으로 해야 한다.
③ 보행자 교통안전 대책은 운전자가 항시 보행자의 돌발 출현을 예상할 수 있도록 해야 한다.
④ 보행자 교통안전 대책은 자동차의 속도를 제한속도 이내로 확실히 통제할 수 있도록 해야 한다.
⑤ 보행자 교통안전 대책은 운전자의 전방 시야를 충분히 확보할 수 있도록 해야 한다.

보행자 교통안전 환경을 위한 안전 시설의 기본방향 중 선언적 의미의 ①과 ②를 제외하고 ③,④,⑤와 교통안전시설의 목표, 교통안전 시설의 구체적인 적용 관계를 표11에 제시하였다. 가령, 교통안전 시설의 목표로서 일시정지는 보행자 돌발 출현을 예상하고, 자동차의 속도를 제한하는데 기여하며, 이때 필요한 교통안전 시설은 일시정지 노면 표지라고 할 수 있다.

표11. 보행자 교통안전 환경 개선방향

교통안전 시설 목표	보행자 교통안전 개선을 위한 기본방향			교통안전 시설 적용
	보행자 돌발출현 예상	자동차 속도제한	운전자 전방시야 확보	
일시정지	O	O	–	· 좁은 골목길 등의 교차점, 큰 도로 진입부 등에 일시정지 노면 표지의 적극 설치 · 통행 방법에 대한 교육/홍보
보행자 횡단 안내	O	O	–	· 횡단보도 표지는 눈에 잘 띄도록 하고, 횡단보도 양옆에 설치 · 횡단보도 이외의 지점에서 횡단자가 많은 경우에는 보행자주의표지를 설치
교차로 시야 확보	O	–	O	· 교차로 모서리에 설치된 가로등, 가로수, 분전반 등 시야 장애 시설 제거 · 시야가 확보되지 않은 곳은 일시정지 노면 표지를 통해 안전 확보
과속방지	–	O	–	· 도로 및 주변 환경을 고려하여 과속방지턱, 차로폭 좁힘, 시케인 등 설치 · 무인과속단속시스템 도입
불법주차 방지	O	–	O	· 볼라드 등을 활용한 전면공지 등의 차량 주차 단속 · 무인단속시스템의 확대

교통사고는 우연성에 기초한다고 생각한다. 그것은 도로에서의 통행량 대비 교통사고 건수를 놓고 볼 때, 교통사고 발생 확률은 매우 낮기 때문이다. 아마, 숫자상으로는 거의 '0%'에 가까울지도 모른다. 따라서 교통안전 정책은 '0%'에 가까운 사고발생의 우연성을 제거하기 위한 노력이라고 볼 수 있다. 신호등의 설치, 보도와 차도의 분리, 가로등의 설치, 횡단보도의 설치, 각종 안전 시설 및 표지의 설치 등이 우연성을 제거하기 위한 노력이었고, 교통안전 개선에 큰 역할을 해온 것은 분명하다. 그러나 우연성이란 예측하기 어렵다는 것과 같은 의미이므로 일반적인 교통안전 시설과 정책만으로 우연성의 완전한 제거는 사실상 불가능하다. 특히 신호등이 없거나 보도와 차도가 분리되어 있지 않은 주거지 내 도로와 같이 복잡한 도로 환경에서 우연성의 제거는 더욱 어렵다고 생각된다. 그것은 우리나라의 교통사고 발생자나 사망자수가 꾸준히 감소하고 있음에도 불구하고 보행자 사망자수가 떨어지지 않고 있다는 것이 이를 증명한다.

따라서 우리나라의 보행자 사고를 줄인다는 것은 가로 교통사고 발생의 우연성을 제거한다는 것으로 보행자에 대한 배려가 없는 교통안전 시설의 도입이 과연 의미가 있기는 한걸까?

사진4 경기도 분당 주거 지역

사진5 일본 치바千葉 뉴타운. 넓은 보도와 밝게 확 트인 가로 환경으로 보행 환경이 매우 우수하다.

표1. 우리나라의 교통사고 통계 (2011년)

구분	발생 (건)	사망자수 (명)	부상자수 (명)
전체	221,711	5,229	341,391
1일평균	607.4	14.3	935.3
인구10만명당	452.6	10.7	696.9
자동차1만대당	101.2	2.4	155.8

표2. OECD 국가의 교통사고 통계 비교(2009년)

국가명	2009년						
	인구수 (천명)	자동차 등록대수 (천대)	발생건수 (건)	사망자수 (명)	인구10 만명당사 망자수	자동차1 만대당사 망자수	자동차1 만대당사 망자순위
그리스	11,260	7,911	14,789	1,456	12.9	1.8	27
네덜란드	16,486	9,249	19,378	644	3.9	0.7	6
노르웨이	4,799	3,182	7,108	255	4.4	0.8	7
뉴질랜드	4,316	3,220	11,125	384	8.9	1.2	19
대한민국	48,747	20,832	231,990	5,838	12	2.8	30
덴마크	5,511	2,799	4,174	303	5.5	1.1	15
독일	82,002	49,603	310,806	4,152	5.1	0.8	8
룩셈부르크	494	405	869	48	9.7	1.2	18
멕시코	107,551	−	30,379	4,877	4.5	−	−
미국	307,007	257,494	1,664,437	37,423	11	1.5	23
벨기에	10,753	6,482	48,827	944	8.8	1.5	25
스웨덴	9,256	5,420	17,858	358	3.9	0.7	1
스위스	7,702	5,274	20,506	349	4.5	0.7	2
스페인	45,828	30,856	88,251	2,714	5.9	0.9	11
슬로바키아	5,412	1,801	8,500	627	6.4	3.5	32
슬로베니아	2,032	1,269	8,707	171	8.4	1.3	21
아이슬란드	319	253	878	17	5.3	0.7	4
아일랜드	4,450	2,468	6,618	238	5.3	1	13
영국	61,789	35,217	169,805	2,337	3.8	0.7	3
오스트리아	8,355	5,571	37,925	633	7.6	1.1	17
이탈리아	60,045	48,637	215,405	4,237	7.1	0.9	10
일본	127,510	82,925	736,688	5,772	4.5	0.7	5

체코	10,468	5,758	21,706	901	8.6	1.6	26
칠레	16,804	2,784	–	–	–	–	–
캐나다	33,720	21,387	129,862	2,200	6.5	1	14
터키	71,517	13,765	84,431	4,307	6	3.1	31
포르투갈	10,638	5,771	35,484	840	7.9	1.5	24
폴란드	38,167	22,024	44,196	4,572	12	2.1	28
프랑스	62,469	38,749	72,315	4,273	6.8	1.1	16
핀란드	5,326	3,246	6,414	279	5.2	0.9	9
헝가리	10,031	3,686	17,864	822	8.2	2.2	29
호주	22,204	15,674	–	1,490	6.7	1	12

출처 : IRTAD: International Road Traffic Accident Database (http://cemt.org/IRTAD)

표3. 교통사고 사망자 유형별 분석 (2011년)

교통사고 발생유형	차대사람	차대차	차량단독	차량열차		
	1,998 38.2%	2,097 40.1%	1,128 21.6%	6 0.1%		
피해자위치	자동차승차중	이륜차승차중	자전거승차중	보행중	기타	
	1,729 33.1%	642 12.3%	272 12.3%	2044 39.1%	542 10.4%	
가해자 법규위반	중앙선침범	신호위반	과속	보행자 보호위반	안전운전 불이행	기타
	563 10.8%	409 7.8%	138 2.6%	184 3.5%	3,829 73.2%	382 7.3%

표4. 도로폭에 따른 교통사고 (2011년)

구분	발생 (건)		사망자수 (명)		부상자수 (명)	
전체	221,711		5,229		341,391	
3m	23,660	10.7%	529	10.1%	34,403	10.1%
6m	57,840	26.1%	1,391	26.6%	85,579	25.1%
9m	39,460	17.8%	1,103	21.1%	59,950	17.6%
13m	28,683	12.9%	605	11.6%	45,022	13.2%
20m	34,817	15.7%	820	15.7%	55,954	16.4%
20m이상	29,833	13.5%	676	12.9%	50,139	14.7%
기타	7,418	3.3%	105	2.0%	10,344	3.0%

표5. 2000년 이후 보행자 교통사고 통계

(단위 : 건, 명, %)

연도\구분	발생건수			사망자			부상자		
	보행자사고	전체사고	점유율	보행자사고	전체사고	점유율	보행자사고	전체사고	점유율
계	620,181	2,557,941	24.2	29,658	75,412	39.3	655,674	3,956,825	16.6
2000	72,932	290,481	25.1	3,890	10,236	38.0	74,102	426,984	17.4
2001	65,898	260,579	25.3	3,243	8,097	40.1	67,105	386,539	17.4
2002	59,271	231,026	25.7	3,201	7,222	44.3	60,325	348,149	17.3
2003	89,443	240,832	37.1	3,595	7,212	49.8	114,922	376,503	30.5
2004	49,626	220,755	22.5	2,543	6,563	38.7	50,247	346,987	14.5
2005	46,594	214,171	21.8	2,457	6,376	38.5	47,282	342,233	13.8
2006	45,261	213,745	21.2	2,377	6,327	37.6	46,004	340,229	13.5
2007	44,857	211,662	21.2	2,232	6,166	36.2	45,842	335,906	13.6
2008	47,281	215,822	21.9	2,063	5,870	35.1	48,406	338,962	14.3
2009	49,665	231,990	21.4	2,047	5,838	35.1	51,043	361,875	14.1
2010	49,353	226,878	21.8	2,010	5,505	36.5	50,396	352,458	14.3

표6. OECD 회원국의 승차상태별 교통사고 사망자 비교(2009년)

(단위 : 명, %)

국가\승차상태	계	승용차승차중	이륜차승차중	자전거승차중	보행중		인구10만명당			기타불명
						점유율	계	14세이하	65세이상	
호주	1,490	1,039	224	31	195	13.1	0.9	0.4	1.9	1
오스트리아	633	328	87	39	101	16.0	1.2	0.3	3.4	78
벨기에	944	479	108	86	99	10.5	0.9	0.4	1.9	172
캐나다	2,419	1,331	211	42	299	12.4	0.9	0.2	2.0	536
체코	901	497	90	84	176	19.5	1.7	0.5	4.0	54
덴마크	303	169	27	25	52	17.2	0.9	0.3	2.2	30
핀란드	279	165	27	20	30	10.8	0.6	0.1	1.7	37
프랑스	4,273	2,161	888	162	496	11.6	0.8	0.2	2.5	566
독일	4,152	2,110	660	462	591	14.2	0.7	0.2	2.0	39
그리스	1,456	672	415	15	202	13.9	1.8	0.6	4.7	152
헝가리	822	386	73	103	186	22.6	1.9	0.3	3.7	74

아이슬란드	17	9	3	—	2	11.8	0.6	—	—	3
아일랜드	238	144	27	7	40	16.8	0.9	0.5	6.8	20
이스라엘	314	161	33	15	105	33.4	1.4	0.9	4.4	…
이탈리아	4,237	1,785	1,037	295	667	15.7	1.1	0.2	3.2	453
일본	5,772	1,190	577	933	2,012	34.9	1.6	0.3	4.8	1,060
룩셈부르크	48	26	7	2	12	25.0	2.4	3.4	7.2	1
맥시코	4,877	—	—	—	—	—	—	—	—	—
네덜란드	644	312	68	138	63	9.8	0.4	0.2	1.1	63
뉴질랜드	384	287	47	8	31	8.1	0.7	0.3	1.1	11
노르웨이	212	143	27	9	25	11.8	0.5	0.2	1.7	8
폴란드	4,572	2,179	290	371	1,467	32.1	3.8	0.7	9.1	265
포르투갈	840	344	116	29	148	17.6	1.4	0.6	3.8	203
슬로바키아	347	—	—	—	—	—	—	—	—	—
슬로베니아	171	86	28	18	24	14.0	1.2	0.0	3.9	15
대한민국	5,838	1,330	737	333	2,137	36.6	4.4	1.2	18.3	1,301
스페인	2,714	1,263	438	56	470	17.3	1.0	0.4	2.9	487
스웨덴	358	219	47	20	44	12.3	0.5	0.2	1.2	28
스위스	349	136	78	54	60	17.2	0.8	0.7	2.3	21
터키	4,290	—	—	—	—	—	—	—	—	—
영국	2,337	1,130	472	104	524	22.4	0.8	0.3	1.9	107
미국	33,808	13,095	4,462	630	4,092	12.1	1.3	0.4	2.0	11,529

표7. 사고 직전 속도별 보행자 교통사고(2006년 ～ 2010년)

(단위 : 건, 명, %)

구분 사고 직전속도	발생건수	구성비	사망자수	구성비	치사율	부상자수	구성비
총계	236,417	100.0	10,729	100.0	4.5	241,691	100.0
20km이하	99,512	42.1	1,379	12.9	1.4	103,198	42.7
30km이하	41,835	17.7	742	6.9	1.8	43,959	18.2
40km이하	27,553	11.7	981	9.1	3.6	28,938	12.0
50km이하	16,509	7.0	1,429	13.3	8.7	16,727	6.9
60km이하	12,030	5.1	2,052	19.1	17.1	11,295	4.7
70km이하	5,106	2.2	1,470	13.7	28.8	4,257	1.8
80km이하	2,326	1.0	1,023	9.5	44.0	1,618	0.7

90km이하	608	0.3	335	3.1	55.1	344	0.1
100km이하	271	0.1	169	1.6	62.4	151	0.1
100km이상	228	0.1	96	0.9	42.1	205	0.1
기타/불명	30,439	12.9	1,053	9.8	3.5	30,999	12.8

표8. 도로폭에 따른 보행자 교통사고 현황(2006년 ~ 2010년)

(단위 : 건, 명, %)

구분 도로폭	발생건수	구성비	점유율	사망자수	구성비	치사율	부상자수	구성비
계	236,417	100.0	21.5	10,729	100.0	4.5	241,691	100.0
3m 미만	43,376	18.3	26.3	1,730	16.1	4.0	44,350	18.3
6m 미만	74,719	31.6	24.5	2,967	27.7	4.0	76,407	31.6
9m 미만	42,110	17.8	22.4	1,953	18.2	4.6	42,927	17.8
13m 미만	23,874	10.1	18.0	1,090	10.2	4.6	24,560	10.2
20m 미만	23,541	10.0	15.9	1,471	13.7	6.2	23,936	9.9
20m 이상	16,706	7.1	13.8	1,260	11.7	7.5	16,842	7.0
기 타	12,091	5.1	29.2	258	2.4	2.1	12,669	5.2

주 : 점유율은 전체사고에 대한 보행자 사고의 비율임

표9. 운전자의 교통사고 발생원인(2006년 ~ 2010년)

(단위 : 건, 명, %)

구분 인적 요인	발생건수	구성비	사망자수	구성비	치사율	부상자수	구성비
계	236,417	100.0	10,729	100.0	4.5	241,691	100.0
전방주시 태만	160,784	68.0	8,011	74.7	5.0	162,800	67.4
환경 요인에 의한 발견 지연	1,798	0.8	162	1.5	9.0	1,796	0.7
심리적 요인에 의한 판단 잘못	6,823	2.9	202	1.9	3.0	7,218	3.0
고의적 운전 행태	243	0.1	5	0.0	2.1	283	0.1
차량조작 잘못	2,267	1.0	87	0.8	3.8	2,799	1.2

| 심신건강상태 불량 | 7,985 | 3.4 | 581 | 5.4 | 7.3 | 9,175 | 3.8 |
| 기타/불명 | 56,517 | 23.9 | 1,681 | 15.7 | 3.0 | 57,620 | 23.8 |

표10. 1당사자(차량)와 2당사자(보행자)의 행동유형별 교통사고(2006년 ~ 2010년)

(단위 : 건)

1당 행동유형 / 2당 행동유형		1당사자 (사고운전자)									
		계	직진중	회전중	U턴중	출발중	후진중	앞지르기중	진로변경중	주정차중	기타불명
	계	236,417	159,096	39,247	1,893	5,729	16,966	371	560	3,091	9,464
2 당 사 자 보 행 자	마주보고 통행중	9,005	6,026	1,683	90	141	449	12	20	99	485
	등지고통행중	13,176	9,370	1,125	75	159	1,128	23	37	100	799
	횡단보도 횡단중	54,287	36,025	14,657	323	73cvb4	767	43	46	108	1,584
	횡단보도부근 횡단중	15,229	11,419	2,786	212	216	238	27	29	63	239
	육교부근 횡단중	1,692	1,484	109	16	12	28	1	5	4	33
	기타횡단중	67,120	53,074	8,246	579	646	2,605	184	150	260	1,376
	놀이기구 사용중	577	400	82	1	15	35	1	1	13	29
	노상유희중	4,971	2,762	716	30	232	811	3	17	102	298
	노상작업중	3,651	2,199	476	33	133	551	9	36	84	130
	길가장자리 구역통행중	20,635	12,948	2,936	151	429	2,226	25	39	370	1,511
	보도통행중	7,438	3,750	957	60	214	1,786	6	30	231	404
	기타불명	38,636	19,279	5,474	323	2,798	6,342	37	150	1,657	2,576

쉽게 할 수 있는 가로 환경 점검 방법

가로 환경 개선의 핵심은
문제를 정확하게 이끌어낼 수 있느냐가 관건이다.

7장 | 쉽게 할 수 있는 가로 환경 점검 방법

세상의 어떤 일이든 문제해결의 기본은 문제를 정확히 인지하는 것에서 부터 시작한다. 마찬가지로 우리나라의 가로 환경을 개선하려 한다면 가로 환경의 문제를 정확히 인지하여야 한다. 그리고 가로 환경의 문제를 정확히 인지하기 위해서는 효율적이고 합리적인 점검 방법이 요구된다.

점검이란 결국, 가로 환경이 어떻게 구성되어 있는가를 정확하고 상세하게 파악하는 것이다. 우리가 흔히 말하는 가로 환경은 기본적으로 보도와 차도로 구성된다. 거기에 보도와 차도를 잇는 진출입로가 있고, 차로와 차로, 보도와 보도가 만나는 교차로가 있으며, 그 옆으로 자전거 도로와 보행자 전용도로가 있다. 이러한 가로 환경의 문제를 찾기 위한 효율적이고 합리적인 조사방법은 가로 환경을 구성하고 있는 시설을 통해 이미 잘 알려진 문제를 유형화하고, 이 유형화된 문제를 중심으로 조사하면 된다. 가령 보도는 '좁은 유효보도폭', '보도 기울기(경사불량)', '보도 위 불법주차', '안내 표지 미흡' 등으로 문제를 유형화할 수 있다. 보행자 전용도로에서 찾을 수 있는 문제들은 '차도와의 단차 불량', '안내 표지 미흡', '불법주차로 인한 보행 장애', '불법 적치물로 인한 보행 장애'로 유형화 할 수 있다. 시설별 유형화된 문제는 도면을 통해 도식화 할 수 있기 때문에 문제와 해결방안에 대한 직관적인 정보를 제공해준다. 표1은 가로 시설 유형별 조사 항목을 보여주고 있다.

표1. 가로 시설 유형별 조사 항목

보도	❶ 좁은 유효보도폭 ❷ 경사불량 ❸ 보도위 불법주차 ❹ 안내 표지 미흡	교차로	❶ 대기공간 경사 불량 ❷ 횡단시설 부재 ❸ 대기공간 단차 불량 ❹ 대기공간 안전 시설 미흡 ❺ 안내표지 미흡 ❻ 대기공간 부족 ❼ 속도저감 시설 미흡 ❽ 속도제한 표지 부재
차도	❶ 자전거 횡단로 부재 ❷ 차도 위 불법주차 ❸ 횡단 시설 미흡 ❹ 시야 확보 어려움 ❺ 속도저감 시설 미흡 ❻ 속도제한 표지 부재	자전거 도로	❶ 자전거 주차시설 설치 장소 ❷ 자전거 도로 안내 표지 미흡 ❸ 자전거 주차시설 안내 표지 미흡 ❹ 자전거 도로 위치 불량
진출입로	❶ 안전 시설 미흡 ❷ 안전 표지 미흡 ❸ 보도와의 단차 불량 ❹ 차량의 보도 침입	보행자 전용도로	❶ 차도와의 단차 불량 ❷ 안내 표지 미흡 ❸ 불법주차로 인한 보행 장애 ❹ 불법적치물로 인한 보행 장애

각 시설의 조사 항목을 좀 더 자세히 살펴봄으로써 점검 방법을 이해하거나 새롭게 구성하는데 있어 도움이 될 것이라고 생각한다.

■ 보도

① 좁은 유효보도폭

'도로의 구조시설의 기준에 관한 규칙'에 유효보도폭은 2.0m로 규정하고 있는데, 보도 위에 설치된 식재, 가로시설물, 보도에 인접한 대지의 상점에서 설치한 입간판, 상품 등의 노상 적치물 등으로 인하여 충분한 유효보도폭을 확보하지 못한 경우를 말한다.

② 경사 불량

보도의 경사는 도로가 건설되는 지역의 지형 특성과 밀접하게 관련이 있으나, 국내의 각종 도로 시설 기준에서는 보도의 경사처리 기준을 종단경사는 1/18(6%), 횡단경사는 1/25(4%) 이하를 원칙으로 정하고 있다. 기준 이상으로 경사가 급하여 유모차나 휠체어 이용자 등의 통행이 어려운 경우가 여기에 해당한다.

③ 보도 위 불법주차

보도 위를 침범하여 불법주차된 차량으로 인해 보행자가 통행할 수 있는 유효보도폭의 확보를 불가능하게 하고, 보행자의 통행 시 안전을 위협하는 경우를 말한다.

④ 안내 표지 미흡

보도나 보행자 전용도로 상에 자전거 · 보행자 겸용도로를 함께 조성해 놓은 경우가 많은데, 이때 자전거 · 보행자 겸용도로에 통행 방법이나 우선 규정에 대한 지시 표지(노면 표지) 등이 없거나 부족한 경우를 말한다.

사진1 좁은 유효보도폭

사진2 경사 불량

사진3 보도 위 불법주차

사진4 안내 표지 미흡

사진5 자전거 횡단로 부재

사진6 차도 위 불법주차

사진7 횡단시설 미흡

사진8 시야 확보 어려움

사진9 속도 저감 시설 미흡

사진10 속도제한 표지 부재

■ 차도

❶ 자전거 횡단로 부재

자전거 도로가 설치된 도로구간에서 자전거 횡단로가 없는 경우를 말한다.

❷ 차도위 불법주차

차도에 불법주차된 차량이 있을 경우를 말한다.

❸ 횡단시설 미흡

신호등이 설치된 도로에서 보행자의 무단 횡단이 많음에도 불구하고, 횡단보도가 설치되어 있지 않은 경우를 말한다.

❹ 시야 확보 어려움

보행자의 통행이 빈번한 집분산도로나 국지도로에서 차량 운전자의 충분한 시야가 확보되지 않는 교차로 또는 굴곡 구간이 형성되면 보행자, 자전거를 운전자가 인지하기 어렵게 된다. 이로 인하여 사고 위험성이 높아지고 보행 및 자전거 이용자의 안전성이 위협받게 되는 경우가 여기에 해당한다.

❺ 속도 저감 시설 미흡

집산도로나 국지도로에서 과속방지턱, 시케인, 고원식 교차로, 고원식 횡단보도 등 차량의 주행 속도를 줄이기 위한 시설이 설치되어 있지 않은 경우를 말한다.

❻ 속도제한 표지 부재

접근도로 및 집산도로 등에서 속도제한 표지가 없는 경우를 말한다.

■ 진출입로

❶ 안전 시설 미흡

보도 위를 통행하는 보행자와 건물이나 대지로 진출입하는 차량 간의 충돌 예방을 위한 안전 시설(예, 지하 주차장 입구의 차량 출입 신호기)이 설치되지 않은 경우를 말한다.

사진11 안전 시설 미흡

사진12 안전 표지 미흡

사진13 보도와의 단차 불량

사진14 차량의 보도침입

사진15 대기공간 경사불량

사진16 횡단시설 부재

사진17 대기공간 단차 불량

사진18 대기공간 안전 시설 미흡

② 안전표지 미흡

보행자가 차량의 진출입로 구간임을 인지할 수 있는 안전 표지가 설치되지 않은 경우를 말한다.

③ 보도와의 단차 불량

진출입로와 보도 연결부에 연석 경사로가 설치되어 있지 않거나 단차가 있어 노약자 및 장애인, 휠체어 이용자 등의 통행에 불편이 큰 경우를 말한다.

④ 차량의 보도 침입

진출입로 주변 보도에 볼라드 등 차량 진입 차단을 위한 시설이 설치되지 않아 차량이 연석 경사로 등을 통해 보도로 진입하여 주차를 한 경우를 말한다.

■ 교차로

❶ 대기공간 경사 불량

보도와 횡단보도 연결부의 경사가 1/12(8%)를 초과하여 보행자, 노약자 및 휠체어 이용자 등의 통행에 불편이 큰 경우를 말한다.

❷ 횡단 시설 부재

보차 분리된 도로가 만나는 교차로에서 보행자 횡단 시설이 설치되지 않은 경우를 말한다.

❸ 대기공간 단차 불량

보도와 횡단보도가 만나는 곳에서 연석 경사로나 턱 낮추기가 잘못 처리되어 기준(2cm) 이상의 단차가 발생한 경우를 말한다.

❹ 대기공간 안전 시설 미흡

횡단보도 주변의 턱 낮추기를 한 보도에 볼라드 등 차량 침입을 막기 위한 시설이 설치되지 않아 차량의 보도 침입이 가능한 경우를 말한다.

사진19 안내 표지 미흡

사진20 대기공간 부족

사진21 속도 저감 시설 미흡

사진22 속도제한 표지 부재

사진23 자전거 주차 시설 설치 장소

사진24 자전거 안내 표지 미흡

사진25 자전거 주차 시설 안내 미흡

사진26 자전거 도로 위치 불량

⑤ 안내 표지 미흡

교차로임을 알리는 안내 표지가 설치되지 않은 경우를 말한다.

⑥ 대기공간 부족

교차로의 신호 대기공간이 부족하여 통행하고 있는 보행자와 신호를 기다리며 대기하는 보행자 간의 혼잡이 발생하는 경우를 말한다.

⑦ 속도 저감 시설 미흡

과속방지턱, 차로폭 좁힘, 시케인 등 교차로에 진입하는 차량의 주행 속도를 저감하기 위한 시설이 설치되지 않아 자동차의 속도가 제한속도 이상으로 달리는 도로가 여기에 속한다.

⑧ 속도제한 표지 부재

속도제한 표지가 설치되지 않은 경우를 말한다.

■ 자전거 도로

① 자전거 주차 시설 설치 장소

자전거 주차 시설의 이용 현황을 파악하기 위하여 자전거 주차 시설의 설치 위치 및 수량을 표시한다.

② 자전거 도로 안내 표지 미흡

자전거 도로(전용도로 또는 겸용도로)임을 알리는 안내 표지(노면 표지)가 설치되지 않은 경우를 말한다.

③ 자전거 주차 시설 안내 표지 미흡

주변에 자전거 주차 시설이 있음을 알리는 안내 표지(노면 표지)가 설치되지 않은 경우를 말한다.

④ 자전거 도로 위치 불량

자전거 도로의 위치가 차로변이 아닌 보도 내측에 설치되어 건물에 출입하는 보행자와 충돌 위험성이 높은 경우를 말한다.

■ 보행자 전용도로

❶ 차도와의 단차 불량

보행자 전용도로-차도-보행자 전용도로 연결부의 처리가 잘못된 경우를 말한다.

❷ 안내 표지 미흡

보행자 전용도로 구간을 알리는 안내 표지가 설치되지 않은 경우를 말한다.

사진27 차도와의 단차 불량

사진28 안내 표지 미흡

사진29 차도와의 단차 불량

사진30 불법 적치물로 인한 보행 장애

❸ 불법주차로 인한 보행 장애

보행자 전용도로에 차량 및 오토바이가 불법으로 주차되어 있는 경우를 말한다.

❹ 불법 적치물로 인한 보행 장애

보행자 전용도로에 가로수, 공공 시설물, 노상 적치물 등이 설치되어 있고, 이로 인해 보행에 불편이 큰 경우를 말한다.

지금까지의 조사 항목을 표2와 같은 양식으로 정리하면 한 눈에 파악하기 쉽고, 설명하기가 용이하다. 가령, 이 가로는 분당의 한 주거 지역으로 도로폭 20m의 양방 4차로이며, 보도가 있고 자전거 도로는 없다. 또한, 보도와 차로에 불법주차가 심하며, 속도 저감 시설과 속도제한 표지가 부족하다. 게다가 진출입로에는 보도 위로 차량이 올라와 있고, 교차로에는 횡단시설 부재, 신호 대기공간 부재, 속도 저감 시설과 속도제한 표지가 없다는 것을 알 수 있다.

이 조사 방식은 단일 구간에 대한 가로 환경의 문제를 쉽게 파악하는데도 좋지만 지역 전체의 가로 환경을 직관적으로 이해하는데도 유용하다. 가령, 표3은 분당, 일산, 동탄의 한 상업 지구에 대한 가로 환경 조사결과, 즉 가로 환경의 문제를 도로폭에 따라 취합하여 보여주고 있고, 이 표를 통해 지역적 차이는 물론, 각 지역의 문제를 쉽지만, 명료하게 보여줄 수 있다. 게다가 동일 조사 항목에 대해 "√"이 많을수록 그 해당 항목의 문제점이 심각할 수 있다라고 하는 추론이 가능하다. 따라서 이와 같은 방식을 활용한다면 보다 실효성 높은 개선 대책을 얻을 수 있을 것이라고 생각한다.

표2. 가로 환경 점검결과 종합. 이 표를 통해 가로 환경에 어떤 문제가 있는지, 도시 간 차이는 어떻게 다른지를 쉽고 명확하게 파악할 수 있다.

도로구간		보도 ① 좁은유효보도폭	보도 ② 경사불량	보도 ③ 보도위불법주차	보도 ④ 안내표지미흡	차도 ① 자전거횡단로부재	차도 ② 차도위불법주차	차도 ③ 횡단시설미흡	차도 ④ 시야확보어려움	차도 ⑤ 속도저감시설미흡	차도 ⑥ 속도제한표시부재	진출입로 ① 안전시설미흡	진출입로 ② 안전표지미흡	진출입로 ③ 보도와의단차불량	진출입로 ④ 차량의보도침입	교차로 ① 대기공간경사불량	교차로 ② 횡단시설부재	교차로 ③ 대기공간차도와의단차불량	교차로 ④ 안내표지미흡	교차로 ⑤ 대기공간부족	교차로 ⑥ 속도저감시설미흡	교차로 ⑦ 속도제한표시미흡	자전거도로 ① 자전거주차시설설치장소	자전거도로 ② 자전거도로안내표시미흡	자전거도로 ③ 주차시설미흡	자전거도로 ④ 자전거도로위치불량	보행자전용도로 ① 차도와의단차불량	보행자전용도로 ② 안내표지미흡	보행자전용도로 ③ 불법주차로인한보행장애	보행자전용도로 ④ 불법적치물로인한보행장애
분당	20–1					v		v	v			v	v			v	v		v		v	v								
분당	20–2					v	v	v	v	v		v	v			v	v		v		v	v								
분당	15					v		v	v	v		v	v			v			v											
분당	10					v		v	v	v		v				v														
분당	보행																											v	v	v
일산	20	v										v	v																	
일산	15–1	v						v	v	v			v																	
일산	15–2	v						v	v	v			v																	
일산	10	v				v							v										v	v						
일산	보행																													
동탄	31	v				v						v															v			v
동탄	15–1	v				v		v	v							v			v		v									
동탄	15–2	v										v	v																	
동탄	10	v				v																								
동탄	보행																											v	v	v

표3. 가로환경 조사 결과. 도면 위 표시만으로는도로 가로 환경의 문제와 심각성을 직관적으로 알 수 있다.

도로제원	자전거 도로	주정차	해당 구간
기본: 20m / 4차로 도로 / 보차분리(단차) / 양방통행	▪ 자전거 도로 없음	▪ 노상주차 불허용	

구간 / 내용	보도	차도	자전거도	교차로	자전거 도로

보도
① 중은 유효보도폭
② 경사불량
③ 보도위 불법주차
④ 시각 촉발
⑤ 속도저감시설 미흡
⑥ 속도제한표지 부재

차도
① 자전거횡단보도 부재
② 차도위 불법주차
③ 횡단시설 미흡
④ 시각 촉발
⑤ 속도저감시설 미흡
⑥ 속도제한표지 부재

자전거도
① 인접시설 미흡
② 안전표지 미흡
③ 보도위의 단차 불량
④ 대기공간 안전시설 미흡
⑤ 인내표지 미흡
⑥ 속도저감시설 미흡
⑦ 자전거 도로 위치 불량

교차로
① 대기공간 경사 불량
② 횡단시설 미흡
③ 대기공간 단차불량
④ 대기공간 안전시설 미흡
⑤ 인내표지 미흡
⑥ 대기공간 부족
⑦ 속도저감시설 미흡
⑧ 속도제한표지 부재

자전거 도로
① 자전거 주차시설 설치장소
② 자전거 도로 안내표지 미흡
③ 자전거 주차시설 안내표지미흡
④ 자전거 도로 위치 불량

보행자 전용도로
① 차도위의 단차불량
② 안내표지 미흡
③ 불법주차로 인한 보행장애
④ 불법주차로 인한 보행장애

(사례1) 15m 집분산도로

도로제원	자전거 도로	주정차	해당 구간
■ 보차분리(단차) 　- 보도 폭원 (좌)(우) 3.0m ■ 양방통행, 총 2차로	■ 자전거 도로 없음	■ 차량진출입 허용 ■ 노상주차 불허용	

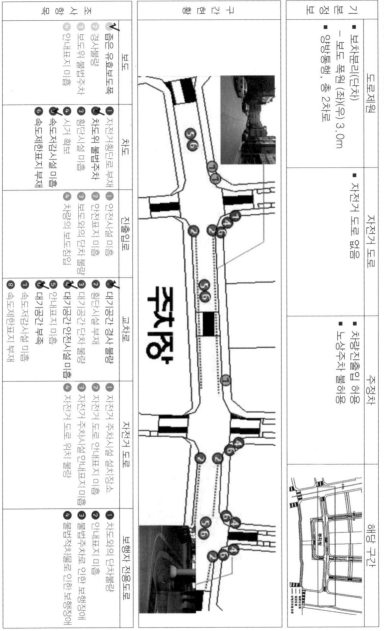

구분	보도	차도	진출입로	교차로	자전거 도로	보행자 전용도로
보도	✓ 촘은 유효보도폭	① 차도위 불법주차	✓ 대기공간 경사볼랑	① 자전거 주차시설 볼랑	① 자전거 주차시설 설치장소	① 차도와의 단차볼랑
차도	① 자전거횡단보도 부재	② 인접시설 미흡	① 인접시설 미흡	② 자전거 도로 안내표지 미흡	② 자전거 도로 안내표지 미흡	② 안내표지 미흡
시행	② 안전시설 미흡	③ 청단시설 미흡	② 청단시설 부재	③ 자전거주차시설 안내표지 미흡	③ 불법주차로 인한 보행장애	③ 불법주차로 인한 보행장애
조치		④ 차량의 보도침입	③ 대기공간 단차볼랑	④ 자전거 도로 위치 볼랑	④ 자전거 도로 위치 볼랑	④ 불법주정차로 인한 보행장애
후속			④ 차량의 보도침입	⑤ 안내표지 미흡 ⑥ 대기공간 부족 ⑦ 속도저감시설 미흡 ⑧ 속도제한표지 부재		

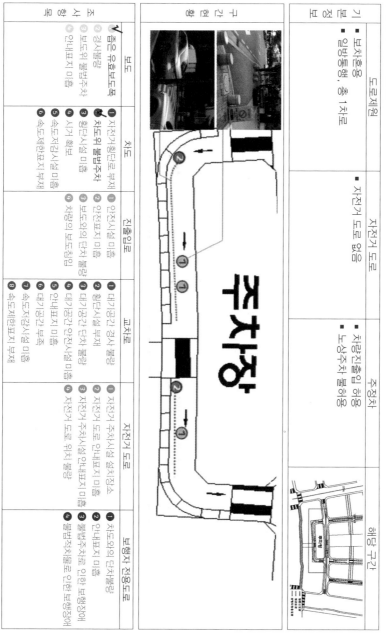

(사례2) 10m 접근도로

구분			
기본정보	도로체계	자전거 도로	주정차
	■ 보차혼용 　• 일방통행, 총 1차로	■ 자전거 도로 없음	■ 차량진출입 허용 ■ 노상주차 불허용

해당 구간

현황

조사항목					
보도	차도	진출입로	교차로	자전거 도로	보행자 전용도로
✔					
① 좁은 유효보도폭	① 자전거횡단로 부재	① 인것시설 미흡	① 대기공간 경사블럭	① 자전거 주차시설 설치장소	① 차도와의 단차불량
② 경사블럭	② 차도위 불법주차	② 안전표지 미흡	② 횡단시설 부재	② 자전거 도로 안내표지 미흡	② 안내표지 미흡
③ 보도위 불법주차	③ 횡단시설 미흡	③ 보도의 단차 불량	③ 대기공간 단차불량	③ 자전거 주차시설 안내표지 미흡	③ 불법주차로 인한 보행장애
④ 안내표지 미흡	④ 시거 확보	④ 차량의 보도점인	④ 대기공간 안전시설 미흡	④ 자전거 도로 위치 불량	④ 불법적차량로 인한 보행장애
	⑤ 속도저감시설 미흡		⑤ 안내표지 미흡		
	⑥ 속도제한표지 부재		⑥ 대기공간 미흡		
			⑦ 속도자감시설 미흡		
			⑧ 속도제한표지 부재		

일본에서 만난 가로안전 디테일

일본은 세계 최고 수준의 골목길 안전국가다.
그것이 어떻게 가능했을까

8장 | 일본에서 만난 가로 안전 디테일

우리나라와의 역사적 · 정치적 관계는 참으로 복잡하고 답답한 일본이지만, 사회, 문화, 경제적 측면에서는 배워야 할 것도 많은 나라이다. 교통안전과 관련해서는 특히 그렇다. 그들의 교통안전 수준은 세계 최고 수준인데, 도로교통공단이 제공한 2009년도 OECD 국가의 교통사고 자료를 보면 자동차 1만대 당 사망자 순위는 일본이 스위스, 스웨덴, 영국, 아이슬란드 다음으로 5위에 이르고 있다. 이렇게 우수한 교통안전 환경이 어떻게 가능했던 걸까?

폭 2m의 조그만 건널목에 설치된, 그 의미없어 보이는 교통 신호 조차 지키는 국민성도 이유가 될 것이지만, 일본을 방문했을 당시 생활가로에서 볼 수 있었던 디테일하고 배려 깊은 각종 안전 표지와 안전 시설이 그 이유가 아닐까 생각한다. 여기에 그 중 몇 가지를 소개한다.

교차점 표시

길에서 볼 수 있는 노면 표시는 모두 운전자와 보행자의 안전과 직결되는 '정보'를 담고 있다. 이 정보를 통해 우리는 주변 상황을 정확히 인지하고 판단하며, 예측할 수 있게 된다.

도로교통공단의 2011년도 교통사고 요인 분석에 의하면 보행자 사고의 68.7%는 9m 이하의 도로에서 발생하였고, 71.5%는 자동차 제한속도가 40km 이하인 곳에서 발생하였다. 이것은 보행자 사고가 주택가 주변에서 많이 발생하고 있음을 의미한다. 한편 전체 보행자 사고에서 교차로 등 횡단 중 발생하는 사고가 전체의 47.6%이고, 치사율은 54%에 이르렀다. 이런 숫자가 아닌 실제로도, 우리나라에서 참으로 위험한 곳이 동네의 작은 교차로이다.

일본에도 많은 동네가 있고, 작은 교차로가 있다. 그리고 이들 동네란 곳이 우리와 크게 다르지 않다. 대개 보도가 없거나, 4차로 미만의 작은 도로들이다. 또한 우리나라와 똑같이 보행자가 많은데, 특히 아이들이 많고 노인들이 많다. 게다가 이곳은 자전거도 쉽게 눈에 띈다. 그러나 일본은 세계 최고 수준의 골목길 교통안전 국가이다.

그 이유를 일본의 디테일에서 찾을 수 있다. 사진1은 동경의 하타노다이旗の台란 마을에서 찍은 노면 표시이다. 이 '교차점' 표시는 여기 말고도 일본에서 흔히 볼 수 있는 표시이다.[13] 심플하지만 교통정

---

13) 최근 우리나라 어린이보호구역에서도 간혹 볼 수 있다. (충청북도 비봉초등학교, 남부순환로 347길)

사진1
일본 가로에서 흔히 볼 수
있는 교차점 표시

책의 디테일과 깊은 배려를 엿볼 수 있다. 동네를 지나는 자동차가 이 표시를 통해 어떤 정보를 얻으며, 어떤 행동을 할 것인지 쉽게 예측할 수 있다. 그리고 이 교차점 표시가 교통안전에 얼마나 기여 했을지 충분히 짐작이 간다.

1. 전방에 교차로가 있군!
2. 어쩌면 사람이, 아이들이 갑작스레 뛰어 나올지 몰라!
3. 조심해야지!

노면 표시는 아니지만 우리나라에도 비슷한 지시표지가 있다. 다만 비교적 속도를 낼 수 있거나 전망이 나쁜 도로에서 교차로가 눈에 잘 띄지 않는 곳에 설치하도록 하고 있다. 따라서 생활가로와 같은 이면도로에서는 볼 수가 없다.

사진2 일본 교토京都. 일본에서는 とまれ(멈추세요) 노면 표시를 흔히 볼 수 있다.

정지선과 토마레

우리는 신호를 지킨다. 그것은 신호라는 기호가 주는 의미를 알고 있기 때문이다. 일본 생활가로에서 흔히 볼 수 있는 정지선, 그리고 그 앞에 'とまれ'로 쓰여진 노면 표시가 있다. とまれ(토마레)는 とまる(토마루)라는 동사의 명사형으로 '멈춤'의 뜻이다. 따라서 정지선과 토마레를 합치면 이런 의미가 된다.

"여기서 멈추세요"

질리다 싶을 정도로 노면 표시가 많은 일본에서 이것보다 더 자주 마주치는 것이 없을 정도로 많다.

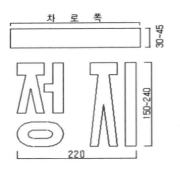

우리나라는 어떤가? '도로교통법 시행규칙 별표 6'에 일시정지 노면 표시에 대해 왼쪽의 그림과 같은 기준을 제시하고 있고, "교차로, 횡단보도, 철길건널목 등 차가 일시정지해야 할 장소의 2m 내지 3m 지점에 설치한다"라고 하고 있다. 또한 '도로교통법 제2조(정의) 30호'에는 "일시정지란 차의 운전자가 그 차의 바퀴를 일시적으로 완전히 정지시키는 것을 말한다"고 명시하고 있다. 형태와

사진3 서울 월곡로 14길. 이런 동네 도로는 반드시 일시정지 노면 표시를 설치해야 한다.

사진4 서울 월곡동의 S 아파트. 단지 안 조차도 일시정지 노면 표시는 찾을 수 없으며, 정지선 앞에서 정지했다 출발하는 차량 역시 본 적이 없다.

의미에서 정확히 일본의 그것과 같다.

　그렇지만, 실상 우리나라 생활가로에서 이 표시를 보기란 쉽지 않다. 정지선만 있거나 아니면 정지선과 진행 화살표기 한조로 되어 있는 표시이다. '정지'란 단어 대신에 '진행 방향 표시'가 대신하고 있는 것이다. 정지선과 진행 방향 표시는 각각 '서라'와 '가라'의 의미를 품고 있기에 서로 어울리는 것이 아니다. 모순이다. 차량의 일시정지가 중요한 아파트 단지 안 조차 일시정지 표시는 볼 수 없고 진행 방향 표시만 있으니 참으로 답답한 노릇이다.

　일본의 운전자 대부분은 준법정신이 투철하다. 일시정지 노면 표시 앞에서 운전자들은 어김없이 정지한 후 차를 출발시킨다. 바른 안전 표지가 있고 투철한 준법이 이를 따르니, 일본의 골목길 교통안전의 높은 수준이라는 것이 너무나 당연한 일이 아닌가?

사실, 일시정지 하면 어느 나라에도 뒤지지 않는 나라가 미국이다. 일시정지 노면 표시와 같은 'stop' 표시(혹은 표지)는 일본 만큼이나 많고, 미국의 운전자들은 이 노면 표시 앞에서는 어김없이 정지를 하니 말이다. 다만, 미국인들의 이 같은 철저함이 400달러나 하는 범칙금에 있지 않나 하는 생각에 개인적으로는 일본이 보다 자발적이고, 사람에 대한 배려가 있어 보인다.

자전거 양보 표시

일본의 노면 표시는 골목길 도로에서 그 최고의 디테일을 보여준다. 자전거 안전을 위한 자전거 양보 표시가 그것이다. 알려진 것처럼 일본에는 자전거를 타는 사람들이 많다. 주로 레저용으로 공원에서 많이 타는 우리와는 달리 일본은 생활 자전거이기에 아이들은 물론 중고등학생, 대학생, 아줌마, 아저씨, 할머니, 할아버지 등 모든 계층에서 자전거를 교통수단으로 이용한다. 그러다 보니 많은 자전거만큼이나 많은 교통사고가 날 수 밖에. 아무리 자전거 타기에 좋은 환경이라도 자동차로부터 100% 안전한 곳은 없을 것이다. 그래서 일찌감치 자전거 양보 표시를 설치해 놓은 것 같다.

사진5 일본 미타카三鷹. 자전거 양보 표시가 とまれ(멈추세요) 표시 옆에 작게 붙어 있다.

사진6 일본 미타카三鷹. 자전거 양보 표시가 좁은 골목길 옆에 붙어있다.

사진7 일본 카미렌작쿠上連省. 자전거 일시정지 노면 표시와 함께 자전거의 진행을 일시 방해하는 시설을 두어 자전거의 안전을 도모하고 있다.

자전거 안전 시설

일본은 자전거 안전이 우려되는 곳엔 어김없이 사진7과 같은 시설들을 함께 두곤 한다. 이 시설은 좁은 도로와 자동차가 다니는 도로로 나올 때 주로 설치되어 있는데, 사람이나 자전거가 갑작스럽게 도로로 튀어나오는 것을 막는 역할을 한다. 특히 어린 학생들의 경우 대개 주의가 산만하고 놀이에만 집중하는 일이 많아 좁은 길에서 갑자기 튀어 나오는 일이 많지 않은가? 그런 곳에서 이 시설이 얼마나 엄마들의 마음을 놓이게 할지 생각해 보라.

보행자 우선 표지

자전거는 도로교통법상 '차'로 규정되어 있다. 그러나 그 속성상 보도 통행이 불가피한 것도 사실이다. 그러다보니 자전거·보행자 겸용도로가 흔하다. 그러나 보도는 원칙적으로 보행자의 것이다. 따라서 보도를 다닐 때 자전거는 사람을 피해 다녀야 한다. 같은 이유로 일본은 보행자를 보호하기 위한 '보행자 우선 표지'를 두고 있다.

보도 연석 처리

자전거 전용도로가 아닌 이상, 현실적으로 자전거가 차도를 달리는 것은 그리 쉬운 일이 아니다. 하지만 그럼에도 불구하고 보도를 달리는 자전거가 보행자를 피해 차도로 내려서야 하는 경우도 잦게 된다. 도로교통법 상 차(車)인 자전거이지만 자전거를 차라고 하기

사진8
일본 타마田뉴타운. 겸용도로 표지 밑으로
보행자 우선표지가 있다.

사진9 일본 하타노다이旗の台. 일방통행로로서 보도 연석을 사선으로 처리하여 자전거로 보도와 차도
를 오르내리기 쉽도록 하였다.

엔 또한 너무 연약하다. 게다가 차도(車道)조차 자전거를 반기지는 않는다. 보행자에 쫓기고, 자동차에 쫓기어 결국 보도와 차도를 넘나들 수 밖에 없는 것이 현실이다. 이런 자전거의 모순과 현실을 알고 만든 것인가 모르겠지만, 일본 도쿄東京 하타노다이旗の台에서 본 보도 연석은 참으로 흥미로웠다. 보도의 연석을 자전거가 안전하게 타고 내려가고 올라오도록 비스듬이 쳐냈기 때문이다. 자전거가 보도를 달리다가 앞에 사람이 있으면 차도로 내려가고 사람을 지나서는 다시 보도로 올라오는 것을 실제 목격하기도 했다.

물론 연석의 사선 처리는 다음과 같은 전제가 필요하다. 자동차 통행이 많지 않은 작은 도로이어야 하며, 자동차의 속도가 충분히 낮은 곳이어야 한다. 특히 자동차를 쉽게 인지할 수 있는 통행구조인 일방통행이 보도 연석 처리에 있어서 가장 중요한 전제 조건이 된다.

우리나라의 생활가로에서는 뛰어노는 아이들의 교통사고가 유난히 많다. 자전거 타던 우리 아들도 횡단보도의 녹색신호만을 믿고 자전거를 탄 채 횡단보도에 들어섰다가 자동차에 치인 적이 있었다. 찰과상으로 끝나 다행이었지만 이것은 단지 운이 좋았기 때문이다.

따라서, 보행자와 자전거 이용자를 위한 편리하고 안전한 가로 환경을 만들려면, 일본과 같은 세심과 배려의 교통 안전 시설이 반드시 필요하다는 것을 잊으면 안 될 것이다.

가로 환경 개선기법, 교통정온화

inclusive street

교통정온화 = 자동차로부터 보행권 되찾기

9장 | 가로 환경 개선기법, 교통정온화

지금까지 가로 환경의 문제점도 짚어보았고, 점검 방법도 살펴보았다. 가로 환경을 정확히 짚어내는 것만으로도 의미가 크지만 해결 방법을 모색하는 것 역시 중요하다. 해결 방법이란 것이 정책적으로 풀 수 있는 것이 있고, 혹은 시민 계몽으로 풀 수 있는 것도 있겠으나 상당 부분은 가로 시설, 도로 시설의 정비를 전제로 할 때 가능한 일이 된다.

이 장에서는 시설 정비를 통해 가능한 방법들 중에서 널리 알려진 '교통정온화 시설'을 소개하고자 한다. 교통정온화는 영어로는 Traffic Calming이라고 하는데, 자동차의 속도와 교통량을 줄여 보행자 및 자전거 이용자의 가로 이용을 안전하고 편리하게 만들고, 소음이나 대기오염으로부터 가로 환경을 보호한다는 의미를 갖고 있다.

교통정온화의 개념적 시작은 1972년 네덜란드 델프트Delft에서 였다. 델프트Delft 는 보행자와 자전거를 자동차보다 높은 통행권을 부여한 생활가로인 본네르프(네덜란드어: Woonerf)를 조성하였다. 본네르프는 생활(네덜란드어: woon)과 터(네덜란드어: erf)의 합성어로, 도로를 굴곡화시키고 도로상에 나무를 심거나 차로폭을 줄이고, 노면을 요철화하는 방법으로 생활가로에서 자동차와 보행자의 공존 방법을 제시한 첫 번째 사례가 되고 있다.

비슷한 가로 환경 개선 프로그램을 영국에서는 'Home Zone', 독일은 'Tempo 20', 미국은 'Complete Streets'이라 부른다. 그러나 일반적으로 많이 사용하고 있는 명칭은 'Zone 30'이다. 유럽 대부분의 국가에서 사용하고 있고, 국내에서도 많은 사람들이 그렇게 부르고 있다. 일본에서는 커뮤니티존(Community Zone)이라 부른다. 일본은 이미 1980년을 시작으로 1998년까지 무려 1,158개소에 이르는 커뮤니티존을 정비했다.[14][15]

교통정온화 기법으로는 제한속도 구역의 지정, 일방통행, 주정차 금지 등 규제에 의한 방법과 고원식 교차로, 시케인, 요철 포장, 과속방지턱, 보도용 방호울타리 등 시설 정비에 의한 방법이 있다. 이 중 대표적인 것들을 표1에 소개한다.

---

14) 정병두 (2003년 6월). 커뮤니티도로의 계획 및 설계기법에 관한 연구, 《국토연구》
15) 한국토지공사 (2004년 11월). 교통업무편람

표1. 교통정온화 기법과 기대효과

구분	개선기법	개요	통과차량억제	속도제어	불법주차방지	자전거이용환경제공	보도환경개선
			적용목표				
1	고원식 교차로	교차로를 도로면 보다 높게 하여 자동차의 감속을 유도하는 시설	−	○	−	−	−
2	고원식 횡단보도	보도면과 동일한 높이로 올린 횡단보도로서 자동차의 감속 유도와 보행자 편의를 위한 시설	−	○	−	△	○
3	정지선 및 교차점 표시	교차로 진입 직전 혹은 교차로 중앙에 표시하여 교통사고를 방지하기 위한 노면 표시	−	○	−	−	−
4	볼라드 (도로 구간)	불법주차를 방지하고, 보행자를 보호하기 위한 안전시설	−	−	○	○	△
5	볼라드 (교차로)		−	−	○	−	○
6	과속방지턱 (험프)	차량의 속도를 낮추기 위한 횡방향 턱 형상의 시설	△	○	−	△	△
7	차도폭 좁힘	차량의 속도를 낮추기 위하여 물리적 혹은 시각적으로 차도 폭을 좁힌 기법	△	○	−	△	△
8	시케인	차량의 속도를 낮추기 위하여 운전자에게 시각적으로 도로가 굽어있게 보이도록 만든 S자 형태 구간	△	○	○	−	−
9	턱 낮추기/ 연석경사로	턱 낮추기는 보도와 차도의 단차를 줄인 방법, 연석경사로는 턱 낮추기 시행시 설치하는 경사로	−	−	−	○	○
10	일방통행	특정도로에 일정한 방향으로만 차량통행을 허용하는 제도	○	−	△	−	−
11	노면요철 포장	노면에 인위적인 요철을 만들어 차량의 속도를 낮추도록 한 시설	○	−	−	−	−
12	통행차단	도로를 차단하여 막다른 골목길 형태로 만들어 물리적으로 차량통행을 제한한 시설	○	−	−	−	−
13	미니로터리	교통량이 많은 지역에서 교차로의 중앙에 원형의 섬을 설치하여 차량이 순환하며 통행하도록 설치한 시설	△	○	−	−	−

※ 일본, 커뮤니티존 형성매뉴얼(p20~22)과 전문가 의견을 종합하여 재정리하였음

고원식 교차로

　고원식 교차로는 교차로를 도로면 보다 높게 하여 자동차의 감속을 유도하는 시설을 말한다. 고원식 교차로는 전체를 암적색 아스콘 또는 블록 포장으로 하여 시인성을 높이고 자동차의 감속 효과를 높이고 있다. 고원식 교차로를 설치할 때는 보도와 고원식 교차로의 연결부에 요철이 없도록 하여야 하고, 배수에 지장이 없도록 하여야 한다. 고원식 교차로의 설치 근거는 '교통약자의 이동편의 증진법 시행규칙(국토교통부)'에 있고, 설치 방법은 '어린이보호구역 개선사업 업무편람(경찰청)'에 제시되어 있다.

그림1 고원식 교차로 유형

사진1
일본 하타노다이(旗の台. 교차로 (기타 진출입로 포함)의 안전성 개선을 위해 고원식 교차로 형태를 채용하고, 주의를 환기시킬 수 있는 포장재질과 채색을 적용하고 있다.

고원식 횡단보도

고원식 횡단보도는 횡단보도를 노면보다 높게 하고, 볼록 사다리꼴 형태로 만든 횡단면으로 자동차의 감속과 보행자의 횡단 편의를 목적으로 한다. 고원식 횡단보도는 경사(턱)부분과 횡단보도 부분 전체를 암적색 아스콘으로 설치하고 횡단보도 노면 표시를 한다. 또한 어린이보호구역 내에서는 횡단보도 폭을 6m이상으로 하여 충분한 보행 공간을 확보하도록 하고 있다. 고원식 횡단보도는 보행자가 보도에서 바로 건널 수 있도록 일반적으로 10cm(6m미만의 도로는 7.5cm) 높이로 하고, 보도와 바로 연결되도록 설치한다. 고원식 교차로의 설치 근거는 '교통약자의 이동편의 증진법 시행규칙(국토교통부)'에 있다.

볼라드

볼라드는 자동차가 보도에 침입하는 것을 막기 위해 차도와 보도 경계면에 세워 둔 차량 진입 억제용 말뚝을 말한다. 볼라드는 차량 진입 통제가 필요하거나 보행자의 안전과 통행에 지장을 주는 방해물의 설치를 방지하고, 불법 주·정차를 예방하기 위한 시설물이다. 일반적으로 말뚝의 높이는 보행자의 안전을 고려하여 80~100cm정도로 하며, 설치 간격은 휠체어를 감안하여 1.5m정도로 하고 있다. 고원식 교차로의 설치 근거는 '어린이·노인 및 장애인 보호구역의 지정 및 관리에 관한 규칙(국토교통

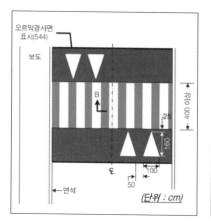

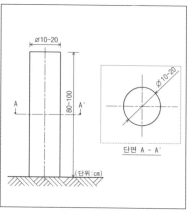

그림2 고원식 횡단보도 구조

그림3 볼라드 설치 규격

사진2 일본 하타노다이(旗の台). 고원식 횡단보도 설치사례

사진3 경기도 일산. 고원식 횡단보도 설치사례

사진4 서울 하월곡동. 볼라드 설치사례

부)’, ‘교통약자의 이동편의 증진법 시행규칙(국토교통부)’, ‘장애인·노인·임산부 등의 편의 증진 보장에 관한 법률(보건복지부)’에 근거하며, 설치 방법은 ‘보도 설치 및 관리지침(국토교통부), 도로안전시설 설치 및 관리지침(국토교통부)’에 제시되어 있다.

과속방지턱

과속방지턱은 교통사고를 예방하기 위해 설치하는 과속방지 시설이다. 주로 주거단지, 학교 부근 등 보행자의 통행이 잦은 지역에 설치하여 보행자의 안전을 위해 설치한다. 과속방지턱은 학교 앞, 유치원, 어린이 놀이터, 근린공원, 마을 통과 지점 등 차량 속도를 규제할 필요가 있는 도로, 보·차도의 구분이 없는 도로로서 보행자가 많거나 어린이 교통사고 위험이 높다고 판단되는 도로, 공동주택, 근린 상업시설, 학교, 병원, 종교시설 등 차량의 출입이 많아 속도 규제가 필요하다고 판단되는 구간에 설치한다. 과속방지턱의 형상은 원호형을 표준으로 하며, 그 제원은 설치 길이 3.6m, 설치 높이 10cm로 한다. 단, 6m 미만의 도로에서 표준규격 적용이 어려운 경우는 길이 2.0m, 높이 7.5cm를 적용할 수 있다. 또한 단지 내 도로와 같이 차량 속도를 10km/h이하로 제한하고자 할 경우에는 길이 1.0m, 높이 7.5cm를 사용할 수도 있다. 원호형 이외의 다른 형상의 과속방지턱은 설치장소에 따라 적용할 수 있으며, 그때의 형상 및 제원은 별도의 검토에 의해 결정하고 있다. 과속방지턱은 도로

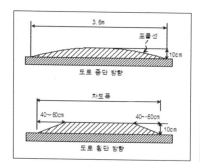
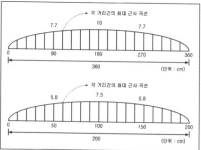

그림4 과속방지턱의 형상 및 제원

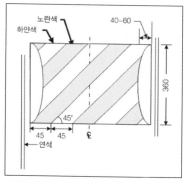

그림5 과속방지턱의 표면 도색

사진5 충청북도 비봉초등학교 앞

의 노면 포장 재료와 동일한 재료 사용을 원칙으로 하지만, 특별한 경우에는 고무, 플라스틱 등으로 과속방지턱을 제작하여 설치할 수 있도록 하고 있다. 또한 과속방지턱은 충분한 시인성을 위해 반사성 도료를 사용하여 표면을 도색하고 있다. 이때 색상은 흰색과 노랑색으로 하고 있다. 설치근거는 '교통약자의 이동편의 증진법 시행규칙(국토교통부)'에 있으며, 설치방법은 '도로의 구조·시설 기준에 관

한 규칙(국토교통부) 도로안전시설 설치 및 관리지침(국토교통부)'
에 제시되어 있다.

보도폭 좁힘

보도폭 좁힘은 운전자로 하여금 주행 속도를 낮추도록 유도하기 위하여 물리적 혹은 시각적으로 차도의 폭을 좁게 한 기법을 말한다. 보도폭 좁힘은 차량의 속도 억제와 통과 차량의 진입 억제, 그리고 보도를 넓게 확보할 수 있어 안전하고 쾌적한 가로 환경 조성을 목적으로 한다.

보도폭 좁힘은 도로 연석에서중앙으로 차도를 좁히는데 주로 볼라드와 나무를 활용한다. 보도폭 좁힘은 횡단보도와 조합하여 설치할 경우 보행자의 횡단 거리를 줄일 수 있고, 과속방지턱과 함께 설치할 경우에는 속도 감소 효과가 크다. 보도폭 좁힘의 설치는 '교통약자의 이동편의 증진법 시행규칙(국토교통부)'에 근거한다.

시케인

시케인은 도로상 연석을 확장시키거나 반대 방향의 교통섬을 확장시켜서 도로의 선형이 S자 형태가 되도록 만든 구간을 말한다. 시케인은 운전자에게 시각적으로 도로가 굽어있음을 보여주어 속도 감소 효과와 교통량 억제 효과가 크다. 시케인은 형태에 따라 차도 굴절형

사진6 일본 요코하마橫濱. 볼라드를 활용한 차로폭 좁힘으로 효과가 매우 뛰어나다.

사진7 영국 스코틀랜드Scotland. 아이디어가 뛰어난 차로폭 좁힘 사례

사진8 일본 하타노다이旗の台

사진9 울산 화합로. 우리나라의 대표적인 보행우선구역으로 시케인 사례를 보여주고 있다.

(crank)과 차도 굴곡형(slalom)이 있다.

차도 굴절형은 직선적인 선형 변화에 의해 차도를 굴절시키는 방법으로 심리적 속도 억제 효과가 높고 시각적으로는 날카롭고 딱딱한 느낌을 줄 수 있지만, 차도의 굴절부 등에 주·정차 공간을 설치하거나 차량의 통행대(帶)로 분리하여 보행자 공간을 확보하거나 식재, 휴식공간으로 활용할 수 있는 이점이 있다. 그리고 차도 굴곡형은 곡선으로 차도를 구불구불하게 한 것으로 곡률이 차량의 최소 곡선 반경에 근접할수록 속도저감 효과가 높고 폭원이 넓은 도로에 적용하면 시각적으로 부드럽고 경관면에서도 유리하다. 시케인의 설치는 '교통약자의 이동편의 증진법 시행규칙(국토교통부)'에 근거하며, 설치 방법은 '어린이보호구역 개선사업 업무편람(경찰청)'에 제시되어 있다.

턱 낮추기 및 연석 경사로 처리

턱 낮추기는 보도와 차도의 단차를 줄여 휠체어, 유모차 등의 원활한 통행을 확보하기 위한 방법이며, 연석 경사로는 턱 낮추기를 시행할 때 설치하는 경사로를 말한다. 턱 낮추기 및 연석 경사로는 횡단보도 진입 지점, 안전지대, 건물 진입 부분, 보도와 차도의 경계 구간, 기타 턱 낮추기 설치가 필요한 구간에 설치한다. 턱 낮추기에서 보도와 차도의 경계 구간은 높이 차이가 2cm 이하가 되도록 설

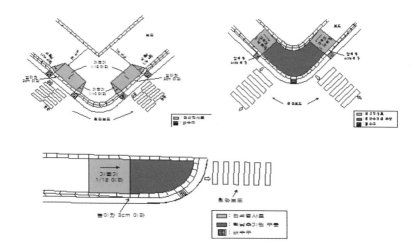

그림7 턱 낮추기 유형 (유형 l, 유형 ll, 유형 lll)

사진10 스위스 취리히zürich, 도시 전체의 보도턱이 낮고 보행 환경이 매우 우수하다.

치하여야 한다. 기울기는 12분의 1이하로 하며, 경사로 옆면의 기울기는 10분의 1 이하로 한다. 그리고 연석 경사로의 기울기는 보행자 동선의 방향과 일치하도록 하며, 유효폭은 횡단보도와 같은 폭으로 한다. 부득이한 경우, 연석경사로의 유효폭은 0.9미터 이상으로 할 수 있다.

횡단보도가 인접한 교차점의 경우에는, 횡단보도와 횡단보도간 거리와 보도폭에 따라 두 가지 방법으로 턱 낮추기를 할 수 있다. 먼저 보도가 좁고 횡단보도가 짧은 경우에는, 또는 길가 건물의 출입에 지장이 되지 않는 장소에서는 교차부 전체에 걸쳐 턱 낮추기를 한다. 반대로 보도가 넓고 횡단보도가 긴 경우에는 횡단 지점에만 턱 낮추기를 한다. 설치는 '장애인 · 노인 · 임산부 편의 증진 보장에 관한 법률(보건복지부), 교통약자의 이동편의 증진법 시행규칙 제9조(국토교통부)'에 근거하며, 설치 방법은 '도로안전시설 설치 및 관리 지침(국토교통부)'에 제시되어 있다.

일방통행

일방통행은 도로교통법 제6조(통행금지 및 제한), 도로교통법 시행규칙 제22조(통행의 금지 또는 제한의 고시)에 의하여 교통의 안전과 원활한 소통을 확보하기 위해 사용한다. 일방통행은 특정도로에 한 방향으로만 차량 통행을 허용함으로서 도로 용량을 증대시

사진11 아차산로 423로, 일방통행제 설치사례

키고, 교통류의 상충을 줄여 교통혼잡 완화, 안전성 증대, 신호현시 축소, 신호 연동화의 효과 향상을 기대할 수 있는 교통 운영 방법이다.

그러나 상업지역이 많은 가로 환경인 경우에는 지구 내부의 도로 여건 및 지역 주민들의 통행패턴을 고려하여 시행하여야 한다. 또한 일방통행 시 반대 방향에 대한 통행을 고려해야 하므로 격자형 체계에서 평행 도로 간 간격이 좁아야 한다.

일방통행은 방향별 통제방식에 따라 완전 일방통행, 가변 일방통행, 일시 일방통행, 역류 전용차로 등으로 나눌 수 있다. 완전 일방통행은 보편적인 일방통행제로 상시 일정 방향으로만 통행을 허용하고 다른 방향에서의 진입을 철저히 규제하는 방법이다. 가변 일방통행은 통상적으로 시간제 일방통행제를 말한다. 일시 일방통행은 보통 평상시, 예를 들면 비첨두시에는 양방통행을 허용하다가 특정 시점 즉, 오전·오후의 첨두시간대 등 교통량이 집중되는 시간에 교통량이 많은 방향으로 일방통행제를 실시하는 방법이다. 역류 전용 차로는 일방통행 차로에서 특정차량의 편의를 위하여 일방통행 반대 방향으로 1개 또는 2개 차로를 배정하여 통행할 수 있도록 하는 방안이다. 설치 근거는 '도로교통법(경찰청)'과 '도로교통법 시행규칙(경찰청)'에 있다.

통행차단

통행차단(cul de sac)은 도로를 차단하여 막다른 골목길 형태로 만들어 물리적으로 차량 통행을 제한하는 기법이다. 통행차단은 통과 교통량을 줄여 지역 전체의 통행량 감소를 목적으로 한다. 통행차단에는 대각선 차단, 직진 차단, 교차로 차단, 편도 차단 등이 있다.

대각선 차단은 교차로를 대각선으로 차단하여 차량의 통행 방향을 제한하는 것으로 '+'교차로의 대각선 차단이 일반적이다. 이 방법은 구역 내 도로망 중에서 직진을 제한하고 싶은 경우나, 회전 방향을 조합하여 구역 내에 순환 도로 구조를 형성하는 데에도 활용할 수 있다. 직진 차단은 교차로 중앙에 차단 구조를 설치하여 직진 통과를 제한하는 방법으로 교차로에서의 통행 우선권이 구별될 수 있다. 이러한 구조는 경계부 도로와 구역 내 기타 도로의 교차 등에 적용할 수 있으며 직진 차단을 위해 중앙분리대 등의 차단 시설을 사용하는 경우는 연속적으로 차단 시설을 설치할 필요는 없고, 교통섬 등 소규모의 시설도 가능하다. 중앙분리대는 도로 기능성 위계가 높은 도로에 설치한다. 교차로 차단은 교차로에서 특정 방향의 진입로를 차단하는 것이다. '+'형 교차로인 경우는 한방향을 차단하면 T형 교차로가 된다. 교차로 차단은 상위 도로에 기능적 위계 차이가 큰 하위 도로가 직접 연결된 곳이나 구역 내 도로 가운데 자동차의 통행을 금지하고자 하는 경우에 적용할 수 있다. 편도 차단은 교차로 직전에서 양방통행 도로의 한쪽을 차단하는 것으로 일방통행 규제와 조합하여 차단을 시행하며 일방통행 도로의 출구임을 강조할 수 있다. 통행 차단의 설치근거는 '택지개발촉진법시행령(국토교통부)'에 있고, 설치 방법은 '택지개발업무처리지침(국토교통부)'에 있다.

사진12와 사진13은 통행차단을 통해 차량의 출입을 거주차량 및 택배/우편/긴급 차량 등으로 제한하여 쾌적하고 안전한 가로 환경을 만든 치바^{千葉} 뉴타운 사례를 보여주고 있다.

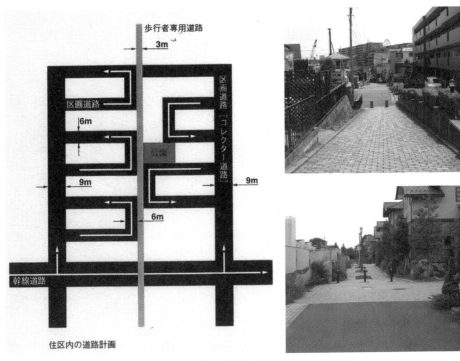

사진12 일본 치바千葉 뉴타운. 통행차단을 통해 안전하고 쾌적한 가로 환경을 조성하고 있다.

사진13 일본 코호쿠港北 뉴타운. 통행차단을 통해 안전하고 쾌적한 가로 환경을 조성하였다.

사진14 일본 치바千葉 뉴타운. 미니로터리 설치 사례

미니로터리

　교통량이 많은 지역에서 교차로의 중앙에 원형의 섬을 설치하여 자동차가 순환하며 통행하도록 설치한 곳이 로터리인데, 미니로터리(Round About)는 작은 규모의 로터리를 말한다. 미니로터리는 저속운행을 유도함으로써 사고 감소, 신호로 인해 발생하는 교차로 지체시간을 줄임으로써 보다 높은 교통량을 처리할 수도 있다. 미니로터리는 평균 주행속도가 50km/h 미만인 곳에서 설치할 수 있다.

설치 방법은 '회전교차로 설계지침(국토교통부)'에 있다.

노면요철 포장

노면요철 포장은 잠재적인 위험을 지니고 있는 구간의 노면에 인위적인 요철을 만들어 차량이 이를 통과할 때 타이어에서 발생하는 마찰음과 차체의 진동을 통해 운전자의 경각심을 높임으로써 차량이 안전하게 주행할 수 있도록 유도하는 시설이다. 또한 졸음운전 또는 운전자 부주의 등으로 인해 차량이 차로를 이탈할 경우 소음 및 진동을 통해 운전자의 주의를 환기시킴으로써 차량이 원래의 차로로 복귀하도록 유도하는 시설이기도 하다. 노면요철포장의 설치 방법은 '도로안전시설 설치 및 관리지침(국토교통부)'과 '도로설계편람(국토교통부)'에 제시되어 있다.

노면칼라 포장

노면칼라 포장은 보도, 자전거 보행자 전용도로, 보행자 전용도로, 공원 내 도로, 광장 등 주로 보행자용으로 쓰이는 도로 및 광장을 보행자에게 안전하고 쾌적한 가로 환경을 확보하는 측면에서 사용하며, 주변 도로와의 색상 대조를 통한 양호한 시인성의 제공이 매우 중요하다. 최근에는 중앙버스전용차로에도 시공되고 있다. 또한 노면칼라 포장은 기능이 서로 다른 도로를 구분하고, 보행자와 다른 교통 수단을 분리해주는 기능을 한다. 칼라 포장은 어린이보호구역,

사진15 일본 치바千葉 뉴타운

사진16 일본 미타카역三鷹驛 주변

사진17 일본 카미렌작쿠上連省. 자전거 도로는 녹색, 갈매기 표시는 빨간색을 통해 차량 속도를 줄이도록 하고 있다.

사진18 일본 카미렌작쿠上連省. 보행이 이루어지는 곳을 적색으로 표시하고 있다.

자전거 전용도로, 버스중앙차로, 보행우선구역 등에서 차량의 속도를 저속으로 규제할 필요가 있는 구간에 설치한다. 설치 근거는 '어린이·노인·장애인 보호구역의 지정 및 관리에 관한 규칙(경찰청, 국토교통부 등)'에 있고, 설치 방법은 '자전거 도로 시설기준 및 관리지침(국토교통부)'에 제시되어 있다.

Captain Cook Memoria.

Pavilion Complex
Lifeboat Museum
Beach

Whitby
Sutcliff

West C
Pannett
Indoor

Whitby Abbey ⌗ & Old Town
St. Mary's Church

Toil

R

West

Whitb

배려도시 10

가로 표지들 의미 살리기

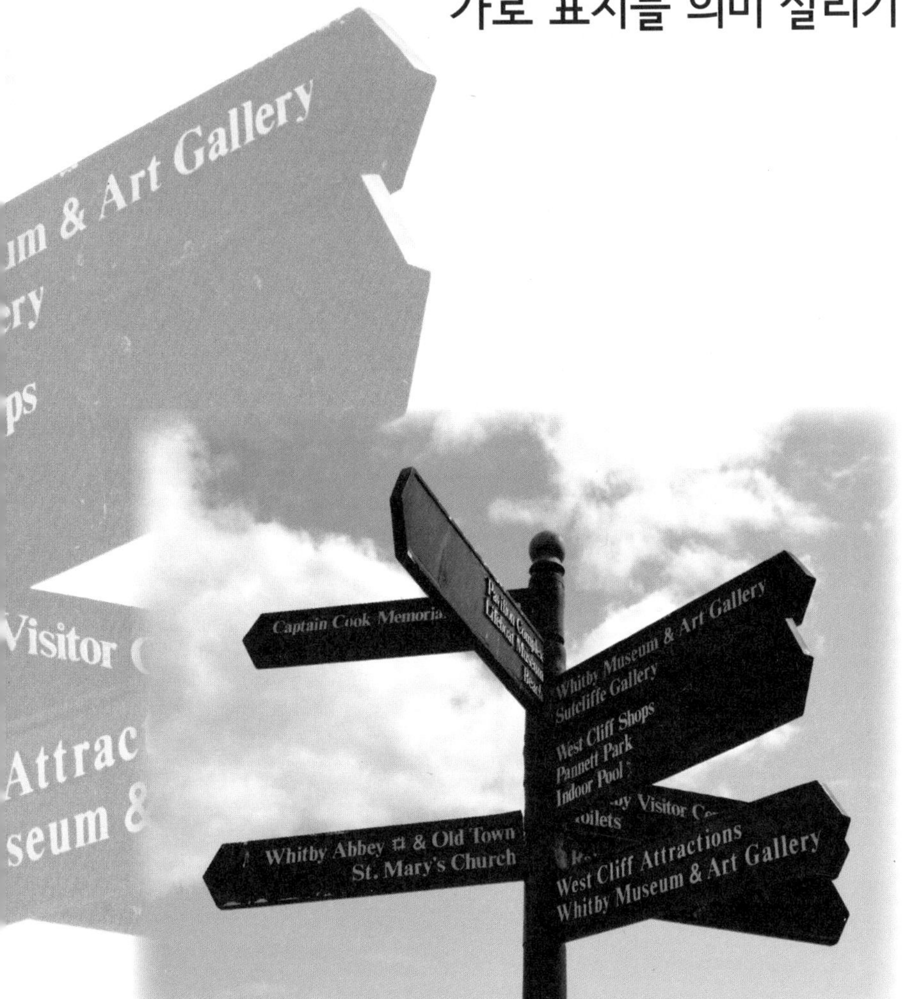

i n c l u s i v e s t r e e t

표지는 그 지점을 통과하는 짧은 시간동안 노출되며,
그 시간 내에 표지가 담고 있는 정보를 정확히 해석할 수 있어야 한다.

10장 | 가로 표지들 의미 살리기

인간은 외부로부터 오는 정보를 인지하고 처리함으로써 자신의 행동을 결정한다. 가로에서도 마찬가지다. 운전을 하거나 가로를 걷는 중에 혹은 대중교통을 이용하면서 우리는 수많은 정보와 마주친다. 그 중 대표적인 것이 교통 표지와 노면 표시(이하, 표지)이다. 가로의 표지들은 우리에게 판단에 필요한 정보들을 제공하고, 행동을 지시하고, 안전을 지켜주는 역할을 한다. 표지는 그 지점을 통과하는 짧은 시간동안 노출되며, 따라서 그 짧은 시간 안에 정보를 정확히 해석할 수 있어야 한다. 사진1은 우리가 가로에서 흔히 볼 수 있는 표지들 -주차금지 및 견인, 통행금지, 횡단보도, 제한속도, 버스전용차로, 도로방향 표지, 지번- 등을 보여주고 있다.

가로에서 볼 수 있는 표지들은 다양한 형태로 존재한다. 색깔, 문자, 도형, 숫자 등으로 표현되고, 시각과 청각을 통해 인지하게 된다. 가령, 색깔은 그 자체만으로 이미 명확한 의미를 우리에게 전달해줄 수 있다. 빨간색은 여성 화장실, 어린이보호구역, 혹은 금지와 제한의 의미로 사용되며, 파란색 계열은 남성 화장실, 버스전용차로, 허용을 대표하여 사용된다. 문자는 간결하고 함축적인 정보를

사진1 가로에서 마주치는 다양한 표지들

주며, 도형과 숫자는 때로는 문자보다 의미전달이 쉬울 때가 많다.

　이들 표지가 효율적으로 전달되고 제대로 작동되기 위해서는 그야말로 잘 설치되어야 한다. 이런 저런 표지들에 함께 묻혀 정작 중요한 정보를 놓치게 해서는 안 되며 우리의 인지능력을 넘어서는 정보량도 제구실을 기대할 수 없게 한다. 표지가 잘 설치되었다는 것은 크기, 설치 위치, 설치 개소수가 적정하다는 것을 의미하며, 필요한 곳에 필요한 정보가 강조되고 있음을 의미한다. 가령, 횡단보도 부근에서는 횡단보도 표지, 학교 앞에서는 제한속도 표지, 또 길이 갈라지는 곳에서는 방향표지가 무엇보다 중요한 것처럼 말이다.

　그러나 가로를 운전하거나 걷다보면 가로의 수많은 표지들이 오히려 쓸모없어 보일 때가 많다. 필요한 곳에 필요한 표지가 없거나, 있는 표지는 있으나마나 한 경우이다. 우리나라의 가로 표지들은 잘 정돈되어 있지 않으며 그 역할도 제대로 못하는 것 같다. 실제로 자동차 성능시험 연구소의 한 설문조사에 따르면, 표지에 대해 응답자의 78.5%가 잘 안보이고, 내용이 복잡하며, 표지가 적고, 필요한 장소에 있어야 할 표지가 없다고 응답하고 있다.[16]

　유럽이나 미국, 일본을 다녀 본 많은 사람들은 잘 정돈된 표지와

---

16) 자동차성능시험연구소, 도로표지판 문제점에 관한 설문조사 결과 자료, 2008년

사진2 다양한 형태의 정보들(색, 문자, 도형 등)

사진3 서울 오패산로, 도로 바닥에 '어린이보호구역 제한속도 30km'라는 노면 표시가 있지만, 이를 지키는 자동차들은 거의 볼 수 없다.

가로 환경에서 느끼는 바가 많을 것이다. 그건 우리나라가 아직 표지의 설치 목표대로 가로 환경이 제대로 조성되지 못하고 있음을 방증하는 것이다. 이것을 진지하게 생각해야 할 것은 가로 상에 만나는 표지들이 우리의 안전과 이동 편의에 직결되기 때문이다. 따라서 이참에 우리의 표지를 돌이켜 보는 것은 매우 유익한 일일 것이라고 믿는다.

필요한 곳에 필요한 정보를

필요한 곳엔 필요한 정보가 강조되어야 한다. 어린이보호구역, 보행자우선구역, 노인보호구역, 자전거 도로가 있는 곳에서 중요한 것은 자동차의 속도를 통제하는 것이다. 따라서 이 구역 전체에서 표지는 속도를 제어하는데 집중하는 것이 중요하다. 또한 갈림길에서 운전자는 방향 표지가 필요하다. 네비게이션이 길을 잘 안내해 주고 있지만 아직도 많은 운전자들은 방향 표지를 통해 자신의 경로를 확신하기 때문이다.

화랑로와 오패산로가 만나는 곳에 월곡교가 있는데 이 주변에는 '월곡교'라고 써있는 표지가 무려 6개나 있고, 크기도 무척 크다. 잘 몰랐을 때는 왜 이 쓸데없는 표지를 이렇게 많이 설치했나 했다. 하지만 알고 보니 이 다리는 구조물의 안전을 위해 통행제한이 필요했던 거였다. 그래서 월곡교로 접근하는 곳곳에 통행 제한 차량 표지

사진4 서울 월곡교에 있는 표지들

사진5 서울 월곡교의 차량통행제한 표지

사진6 서울 고산자로와 종암로가 만나는 교차로.
있어야 할 방향표지가 없다.

사진7 서울 종암로. 자전거 도로 표지가 연속해서
설치되어 있다. 없는 것보다는 낫겠지만 이것 보
다는 제한속도 표지나 과속방지턱, 주차금지 표지
를 더 확충해야 한다.

사진8 경기도 분당. 가로수로 인해 3차로에서는 전방의 표지가 전혀 보이지 않고 있다.

를 설치하였던 것이다.

　회귀로에서 종암로와 만나는 삼지교차로(三指交叉路)는 우측으로는 종암로, 좌측으로는 안암로와 고산자로로 이어진다(사진6). 이 교차로는 버스전용차로 표지가 크게 설치되어 있다. 그런데 이 교차로에서 대부분의 차량은 주로 좌회전을 하고 있고, 이후 바로 안암로와 고산자로로 나눠지기 때문에 좌회전 차량에게는 사진6에 보이는 버스전용차로 표지가 아닌 좌회전 후의 방향 안내 표지가 필요하다. 그런데 필요한 정보가 제공되지 않고 있는 것이다.

　월곡로에서 볼 수 있는 자전거 도로 안내 표지는 중요하지도 않은 것들이 쓸데없이 너무 많다. 오히려 자동차로부터 자전거를 보호할 수 있도록 하는 제한속도 표지나 과속방지턱, 주차금지 표지가 부족하다.

가로수에 가려진 정보들

　운전을 하면서 가로수에 가려진 주의 표지나 규제 표지를 많이 본다. 제한속도 표지를 가리고, 주정차금지 표지를 가리며, 심지어 진입금지 표지도 가린다. 보이지 않는 정보가 무슨 의미가 있는가? 보고도 알고도 모른 채 지키지 않는 일이 허다한데 하물며 보이지 않는다면야 누가 지키겠는가? 잘됐다 싶고 마음에 꺼리는 일도 없어지는 것 아닐까?

표지는 적절한 위치에 있어야

아파트 단지 내 엘리베이터를 보면 기대지 말라는 주의 표시를 보곤 한다. 그런데 이 표지가 높이 설치되어 있어 정작 주의를 요하는 장난꾸러기 아이들의 눈에는 쉽게 띄지 않는다. 결국 이 주의표지는 본래의 목적에 부합하지 않는 위치에 설치되어 있는 것이다. 과연 사진 속의 저 아이처럼 엘리베이터의 주의 표지를 보기 위해 일부러 위로 쳐다볼 아이들이 얼마나 될 것인가?

이것이 바로 표지 높이의 중요성인데, 좋은 사례가 잠실 종합운동장역에 있다. 그것은 엘리베이터 안내 표시인데 사진10처럼 낮게 설치되어 있다. 휠체어의 높이에 맞춰 표지를 설치한 것이다. 다른 역에서는 보지 못했다는 사실로 볼 때 그 표지는 마음이 따뜻한 역장이나 직원의 작품일 것이다. 이같은 사례가 모든 지하철역에 두루

사진9 엘리베이터의 주의표지

사진10 서울 잠실 종합운동장역 장애인 배려 표지

알려졌으면 한다.

대전 전민동에는 회전교차로(Round About)가 두 곳에 설치되어 있다. 회전교차로의 통행 우선권은 먼저 진입한 차량에 있다. 하지만 이 두 곳은 오히려 이미 진입한 차량이 정지하는 경우가 많다. 통행 방법을 잘 모르기 때문이다. 두 곳 중 한 곳은 통행 방법을 알려주는 양보 표지와 '회전차량 우선 표지'가 있으나 양보 표지는 그 의미가 모호하고, '회전차량 우선 표지'는 회전교차로에 다 와서야 있기 때문에 통행 방법에 따라 통행을 하지 못하고 있는 것이다. 다른 한 곳은 양보 표지나 '회전차량 우선 표지'가 아예 없다. 양보 표지나 '회전차량 우선 표지'는 예고 표지를 사전에 충분히 주어 운전자에게 통행 방법을 친절하게 알려주어야 한다. 우리나라 운전자 중에서 회전교차로의 정확한 통행 방법을 아는 사람이 얼마나 될까? 제대로 작동 시키게 하려면 시설만 만들어 놓는다고 되는 것은 아닐 것이다.

사진12의 중앙에 있는 횡단보도 표지는 두 가지 잘못이 있다. 횡단보도 전에 있어야 할 '횡단보도 표지'가 횡단보도를 지나서 있다는 것과 자동차를 향해 있어야 할 것이 건너편 보행자들을 향해 있다는 것이다. 표지는 설치하는 것도 중요하지만, 제대로 설치하는 것이 더욱 중요한 것이다.

사진11 대전 전민동. 회전교차로 진입차량에 대한 양보 표지와 회전차량 우선이라는 통행권 안내 표지가 회전교차로 바로 앞에 설치되어 있어 표지의 역할을 제대로 할 수가 없다.

사진12 서울 보문로와 동소문로가 만나는 교차로. 사진 중앙의 횡단보도 표지가 횡단보도에서 멀리 떨어져 설치되어 있다.

가로에서 볼 수 있는 표지 중에는 사람들이 의미를 제대로 알고 있을까 하는 것들도 상당수 있다. 표지가 주는 정보를 정확히 모를 경우 위험한 상황에 처할 수도 있으므로 표지가 주는 메시지를 정확히 인지하는 것은 중요하다.

표1은 많은 사람들이 그 의미를 잘 모른다고 생각되는 표지들을 제시해본다.

표1. 쉽게 이해되지 않는 표지에 대한 설명

통행우선지시표지	통행 우선권을 알려주는 표지로서, 백색 화살표 방향으로 진행하는 차량이 우선통행 할 수 있다.	양보표시	자동차가 양보하여야 할 장소임을 알려주며, 교차로나 합류도로 등 자동차가 양보하여야 하는 지점에 설치한다.
위험물적재차량통행금지표지	위험물 적재 차량의 통행을 금지하는 표지이다.	서행표시	자동차가 서행하여야 할 것을 지시하는 표시로서, 보행자를 보호하기 위해 길가장자리 구역선이나 정차 주차 금지선을 지그재그 형태로 설치한다.
차폭제한표지	자동차 폭이 2.2.m 이내인 차량만 통행할 수 있음을 알리는 표지이다.	횡단보도예고표시	전방에 횡단보도가 있음을 알리는 것으로, 횡단보도 전 50미터 내지 60미터 노상에 설치한다.

사진13 서울 월곡로와 화랑로가 만나는 교차로. 표지가 너무 복잡하다.

사진14 일본 하네다 공항. 에스컬레이터 앞에서 진입 표지가 명쾌하다.

표지는 쉽고 단순해야

사진13은 월곡로와 화랑로가 만나는 교차로인데, 너무 친절하다고 해야 할 정도로 표지가 너무 복잡하다. 운전자가 표지를 보고 이해하기가 쉽지 않을 것 같다. 이런 표지는 운전자에게 전혀 득이 되지 않고 오히려 혼란을 야기할 수 있다. 표지는 단순해서 이해하기 쉬워야 한다. 사진14는 하네다 공항에서 찍은 건데, 에스컬레이터의 진입 표시가 크고 선명해서 직관적으로 의미를 알 수 있다. 표시는 쉽고 단순하고, 직관적으로 이해 할 수 있어야 한다.

잘못된 의미를 전달하는 표지

외국에 다녀보면 동네 길과 같은 작은 가로에서 정지선과 함께 있는 것은 '멈춤'이란 표시이다. 우리나라의 우선멈춤 표시와 같다.

사진15

작은 교차로에서 필요한 것은 진행방향 표시가 아니고 우선멈춤 표시가 아닐까?

사진16

일본. 작은 가로에서 정지선 앞에는 항상 '止まれ(멈춤)' 표시가 있다.

사진17

토요일 오후, 어린이보호구역 내에 주차해 있는 차량들

어느 골목에서나 자동차는 신호등이 없는 횡단보도나 작은 교차로를 지날 때면 우선 멈추어야 하며, 운전자들은 이를 잘 지키고 있다. 우리나라는? 멈춤 표시보다는 진행방향 표시가 대부분이다. 자동차를 일단 멈추게 해야 할 곳에서 진행방향을 알려주고 있는 것이다.

표지의 신뢰성

우리나라는 주말이 되면 간선도로를 제외한 대부분의 지역이 온통 주차장이 되버린다. 도로에 붙은 주차금지 표시는 물론이거니와 무인단속시스템도 일요일이면 쉬는가 보다. 그 표지나 단속시스템이 있거나 말거나, 어린이보호구역이든 말든 자동차들은 맘껏 주차되어 있다. 법과 원칙도 주말이 되면 함께 쉬는가? 주말이라고 단속을 하지 않고, 주말이 되면 법을 어기도록 내버려두는 것은 문제라고 생각한다. 법과 원칙에 대한 신뢰성이 훼손되기 때문이며, 잃어버린 신뢰성을 회복하는 것은 더욱 힘이 들기 때문이다.

배려도시 11

자전거 활성화 해법 찾기

높은 자전거 이용률은
그 가로 환경에 대한 시민의 신뢰와 정확히 비례한다.

11장 | 자전거 활성화 해법 찾기

도시·교통 분야에서 최근 세간의 관심을 크게 모으고 있는 것 중 하나가 자전거다. 자전거는 녹색교통을 대표하는 이미지가 뛰어난 매우 훌륭한 녹색 아이템으로 자리매김하여 왔다. 이를 증명하듯 자전거와 관련한 외견상의 실적은 적지 않다. 많은 지자체는 자전거 전담팀이 있으며, 예산도 적지 않은 것으로 안다. 자전거 도로는 국도 전역에 걸쳐 연결되었고, 4대강을 끼고 조성되어 있다. 2010년에 안전행정부는 자전거 거점 10개 도시를 선정하였다. 이 도시들은 단기간 내 자전거 이용수요를 크게 늘리기 위해 자전거 전용도로를 건설하며, 시민을 위한 자전거 보험을 만들고, 공공자전거시스템을 운영하며, 자전거 이용자만을 위한 쇼핑 할인 등 자전거 이용증진 프로그램을 준비하고 있다. 여기에만 각 도시는 100억원을 쓴다. 새로운 도로를 조성하는 것은 아니니 결코 작은 돈이 아니다.

맞다. 자전거 이용 증진을 위해서는 이와 같이 자전거 도로와 수요를 이끌어 낼 수 있는 프로그램이 필요하다. 하지만, 이것만으로 충분한 걸까? 자전거 이용자가 생각만큼 늘지 않은 것은 그것만으로는 충분하지 않다는 증거이다. 아무리 비싼 인테리어를 하고, 나레

사진1 금강 자전거 도로

이터 모델을 불러 수없이 많은 이벤트를 해봤자 결국은 맛있는 식당이 성공한다. 그렇다면 자전거 수요를 이끌어 낼 수 있는 관건은 무엇일까? 그 답은 '안전과 편리의 신뢰성'에 있다. 자전거가 안전하지 않고 편리하지 않다면 누가 우리의 아이들을 길에 내놓을 것이며, 어떤 어른이 길을 나설 것인가? 우리나라의 자전거 환경은 이점에서 뭔가 부족하다는 느낌을 지울 수 없다.

2009년 파리Paris를 방문한 적이 있다. 첫날 택시를 타고 호텔로 가는 중에 일방통행길을 달리게 되었다. 조금 지나니 앞에 자전거를 탄 소녀가 가고 있었다. 우리나라의 일방통행길과 달리 도로가 넓지 않아 택시는 자전거를 추월할 수도 없었다. 결국 자전거 뒤를 택시가 하릴없이 뒤쫓을 수밖에 없었고, 히스패닉의 택시운전사는 구시렁구시렁 불평을 하거나, 손으로 핸들을 치거나 하며 불편한 심기가 가득했다. 하지만 그게 다였다. 그 소녀를 향해 경적을 울리거나 창문을 내려 소리를 치지도 않았으며, 차를 가까이 붙여 위협하는 일은 더더욱 없었다. 그러지 않으면 안 되는 법이 있었는지는 모르지만, 그때 난 그게 선진국의 시민수준이라고 생각했다. 자전거 이용을 증진시키기 위한 프로그램에는 안전교육이 있다. 한데 교육 대상이 자전거 이용자이다. 아마 아이들이 교육생의 대부분이 될 것이다. 그리고 이 교육은 아이들에게 강자들인 자동차 세계에서 그들의 룰을 잘 지키고 살아남는 법을 가르치는 것일 것이다. 자전거 꽁

무늬에 차를 들이밀고, 경적을 울려대는 도로 환경에서 아이들을 안전하게 지켜줄 수 있는 환경을 기대할 수 있을까? 아니다! 자동차 운전자에게도 교통약자를 보호하도록 하는 교육이 필요하다. 난 그렇게 생각한다.

자전거를 타고 집을 나선다. 자전거 도로가 따로 없으니 보도든 차도든 사정이 허락하는 대로 가야한다. 월곡역까지 500m가 채 안 되는데 자전거를 편하게 탈 만큼 사정이 허락되는 곳은 없다. 짜증이 난다. 자전거를 괜히 끌고 나왔다고 푸념도 해본다. 보도는 상점

사진2 네덜란드 암스텔담Amsterdam. 도시 전체에 걸쳐 자전거 이용환경이 잘 갖추어져 있다.

에서 내놓은 상품진열대로 좁아졌고, 2차로의 차도는 주정차 차량 때문에 도로의 정중앙으로 가야만 한다. 그마저도 얼마 지나 큰 도로를 만나니 다시 보도로 올라가야 했다. 생활가로의 2차로는 그 기능상 차량의 속도가 높지 않고, 사람들도 자주 차도로 나와 걷기도 하니 자전거 입장에서는 보도보다는 차도가 편할 수 있다. 그러나 불법 주정차 차량이 차도를 점령한 순간부터 보행자는 물론 자전거에게도 더 이상 안전하지도, 편리하지도 않은 도로가 되고 말았다. 우리나라의 생활가로에 불법으로 주정차하고 있는 차량들을 보면 우리의 한계가 보일 정도다. 그렇다고 이걸 개인 운전자의 잘못으로만

사진3 프랑스 파리Paris. 시가 운영하는 공공자전거인 Velib를 통해 파리의 자전거 이용률은 크게 늘었다.

돌릴수도 없다. 공영주차장 말고 민간에 할애한 주차건물을 보라. 그게 어디 주차건물인가? 불편함은 이루말 할 수 없을뿐더러 그나마 주차장 흉내만 내고 있고 나머지 공간은 순 상업시설 투성이다. 분당의 어느 주차건물은 카센터를 겸용(?)하고 있는데 주차장은 실질적으로는 카센터 방문객을 위한 것으로 활용될 뿐이었다. 거기서 얼마 떨어지지 않은 곳은 큰 타이어 판매장소로 사용되고 있었고, 확보하고 있는 주차면은 방문객을 위한 몇 개뿐이었다. 우리나라 자전거 이용활성화? 무엇보다 도로변 불법 주정차 문제부터 해결하여야 한다. 그게 답이다.

우리나라의 자전거 정책은 크게 나무랄 게 없다. 법적 정비는 단시간에 끝냈지만 수준이 높고, 각종 활성화 프로그램도 세계적이다. 그럼에도 흔히 선진국이라고 하는 곳들의 거리를 둘러보면서 느끼는 것은 법이나 규정으로 어찌할 수 없는 디테일이 남다르다는 것이다. 그리고 이 디테일의 차이는 '안전과 편리의 신뢰성'에 큰 차이를 낳는다고 생각된다. 보도를 다니다보면 나타나는 차량 진출입로의 보도 단차, 횡단보도 대기공간에서의 불편한 사면 처리, 불량한 동선과 좁은 보도, 교차로에서의 불량한 시야가 차이를 느끼게 한다. 생활가로는 속도제한 표시를 보기 어렵고, 교차점에는 차량 정지는 물론 자전거 정지 표시도 찾기 힘들다. 보도든 차도든 가다보면 느끼는 불편함, 그리고 위험 요소들. 직접 타보고, 다녀보면 알 수 있다. 이런 디테일이 없이는 사람도 자전거도 위험을 피할 수 없을 것만 같다. 디테일에 대한 구체적인 사례를 들면 다음과 같다. 자전거 도로, 특히 보도를 겸용으로 쓰는 경우나 차도 상에 설치된 자전거 도로는 안전을 위해 필요한 표지가 있다. 보도에서는 보행자 보호, 차도에서는 자전거 보호를 지시하거나 주의하도록 하는 표지이다. 이 표지가 필요한 것은 보도에서는 보행자가 교통약자이며, 차도에서는 자전거가 교통약자이기 때문이다. 다시 말해 보도 위에서는 보행자가 자전거에 우선해야 함과 동시에 보호를 받아야 하며, 차도에서는 자전거가 자동차에 우선해야 하며 동시에 보호를 받아야 한다. 최근 자전거 사고가 늘고 있다. 아직은 이용자가 많지 않아 그렇지만 교통사고 사망자로 본다면 사고율 2%에 사망자 비율은 5%나 된다. 자전거에 의해 보행자가 다친 사고까지 포함하면 더할 것이다. 그럼에도 자전거 · 보행자 겸용도로에는 안내 표지 말고 안전 표지는 쉽게 볼 수 없다. 아마 담당 부처인 안전행정부나 국토교통부는 생활가로의 자전거 · 보행자 겸용도로의 안전에는 큰 고민이 없는 듯 하다. 사진5는 일본의 자전거 · 보행자 겸용도로에 설치된 표지로서 보행자가 자전거에 우선하며 보호해야 함을 명시하고 있다. 우리나라에서도 서둘러 도입하고 설치해야 할 것이라고 생각한다. 이와 함께 차도에는 자전거 보호를 명시한 표지도 함께 도입 설치했으면 한다.

자전거 이용을 활성화하기 위한 많은 노력들이 있어 왔다. 충분

사진4 일본 요코하마橫濱. 센터키타역センター北駅의 보행광장에 설치된 자전거 주차장이다.

사진6 캐나다 벤쿠버Vancouver. 보행자 우선권과 자전거 속도제한 표지이다.

사진5 캐나다 벤쿠버Vancouver. 자전거에 대한 보행자 우선권을 명시한 표지이다.

사진7 일본 교토京都. 하천변 출입구에 설치된 자전거 안전 시설

하다는 생각도 든다. 이웃 일본만 해도 자전거 도로가 많고, 자전거 관련 프로그램이 많아서 이용자가 많은 게 아니란 걸 우리는 안다. 몇몇 외국의 높은 자전거 이용률은 안전하고 편리한 자전거 이용 환경에 대한 높은 신뢰를 통해 달성되었을 것이 분명하다. 그리고 그 높은 신뢰는 그들 특유의 디테일함에서 찾을 수 있을 것이다. 그것 빼면 우리도 다를 게 없다. 따라서 우리도 이젠 그들과 같이 디테일에 치중할 때이다. 자전거 도로를 건설하고, 각종 정책 프로그램을 추진하되, 그 속에 숨어있는 디테일에 관심을 갖고 고쳐나가는 것이야말로 사람에 대한 진정한 배려이며, 자전거 이용을 크게 확산시키는 해법이란 것을 누구보다도 확신한다.

가로에 맞는 자전거 도로 적용하기

안전하고 쾌적한 자전거 이용 환경? 근본적인 대책은 이것이다.
"도시 내 제한속도를 50km 이내로 줄이자"

12장 | 가로에 맞는 자전거 도로 적용하기

　우리나라 자전거 도로 유형은 '자전거이용 활성화에 관한 법률' 제
3조에 따라 다음과 같이 분류하고 있다.

> - 자전거 전용도로: 자전거만이 통행할 수 있도록 분리대 · 연석 기타 이와 유사한
>   시설물에 의하여 차도 및 보도와 구분하여 설치된 자전거 도로
> - 자전거 · 보행자 겸용도로: 자전거 외에 보행자도 통행할 수 있도록 분리대 · 연석
>   기타 이와 유사한 시설물에 의하여 차도와 구분하거나 별도로 설치된 자전거 도로
> - 자전거 전용차로: 다른 차와 도로를 공유하면서 안전 표시나 노면 표시 등으로 자
>   전거 통행구간을 구분한 차로

　프랑스와 네덜란드도 한국과 유사한 자전거 도로 유형을 갖고 있
다. 다만, 한국과 달리 자전거 도로 유형을 도로의 속도와 교통량에
따라 도입 · 적용 할 수 있는 기준을 갖고 있다.[17] 그림1은 프랑스
의 CERTU(Center for the study of urban planning, trans-
portation and public facilities)에서 제시한 것으로 도로의 속
도와 교통량에 따라 적용한 자전거 도로 유형을 제외해주고 있다.
CERTU는 자전거 도로를 기본적으로 Combined traffic, Cycle
lane, Cycle path로 구분하고 있다. Combined traffic은 자전

---

17) CERTU(2007), Guidelines for cycle facilities, p.34~35.

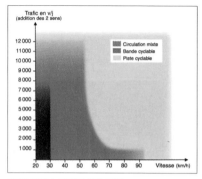

그림1 프랑스 자전거 도로 유형

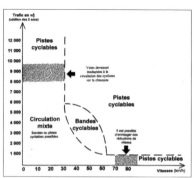

그림2 네덜란드 자전거 도로 유형

거·보행자 겸용도로에 해당하며, 자동차 속도가 30km/h 미만, 양
방 통행량 8,000대 미만일 경우에 적용하며, Cycle lane은 자전거
전용도로에 해당하며 통행량에 관계없이 속도가 30~50km/h일 경
우에 도입한다. Cycle path는 자전거 전용도로에 해당하는데, 자
동차 속도가 60km/h 이상이면서 양방 통행량 1,000대 이상일 경우
에 적용한다.

그림2는 네덜란드의 도로의 속도와 교통량에 따른 자전거 도로
유형 적용 기준을 제시하고 있다. 역시 Mixed Way, Bike lanes,
Bike paths로 구분하고 있다. Mixed Way(자전거·보행자 겸용도
로에 해당)는 속도 30km/h미만, 양방통행량 8,000대 미만일 경우
에 적용하고, Bike lanes(자전거 전용차로에 해당)는 속도 30~60
km/h이면서 양방통행량 1,000~6,000대일 경우에 적용한다. Bike

paths(자전거 전용도로에 해당)는 속도 30km/h미만, 양방통행량 10,000대 이상 혹은 속도 70km/h이상, 양방통행량 1,000대 미만일 경우에 적용한다. 표1은 국내외 사례 조사를 근거로 하여 자전거 도로 유형을 정리한 것이다.

표1. 국내외 자전거 도로 유형 분류

한 국	해 외	세분류
일반 차로	Mixed Way	ⓐ Shard road with regular lane width ⓑ Wide curb side lane ⓒ Shared bike & parking lane
자전거보행자 겸용도로	Mixed Way	ⓓ Multi-functional lower lane ⓔ Shared bike & pedestrian lane
자전거 전용차로	Bike Lane[19]	ⓕ Exclusive bike lane (Marked cycle lane) ⓖ Bike lane with passable separators ⓗ Exclusive bike and parking lane
자전거 전용도로	Bike path	ⓘ Exclusive bike path on pavement ⓙ On road Bike path ⓚ Bike path intermediate −height between pavement and road (Traditional Co-penhagen style) ⓛ Bike path between parked cars and pavement (Copenhagen style)

*Mixed Way는 combined traffic 혹은 Compatible roadway라고도 한다.
*Bike lane은 Cycle lane 혹은 Bicycle lane이라고도 한다.
*Bike path는 Cycle path 혹은 Bicycle route라고도 한다.

18) CERTU(2007), Ministry of Infrastructure, Transport and Housing, Recommendations for cycle facilities, p37~53.

일반 차로

ⓐ Shared road with regular lane width

일반차로로서 자전거 도로를 위한 별도의 표시가 없이 차로에서 자동차와 함께 주행할 수 있다. 도로 교통량이 적고 속도가 낮은 곳에서 적용이 가능하다.

사진1 프랑스 파리paris. Wide curb side lane

사진2 호주 보룬다라Boroonda. Shared bike & parking lane (출처: http://boroondarabug.org)

사진3 미국 미네폴리스Minneapolis. Exclusive bike lane (Marked cycle lane)
(출처: 위키피디아, 저자: Nathan Johnson)

사진4 일본 후쿠오카福岡. Shared bike & pedestrian lane

ⓑ Wide curb side lane

일반차로로서 Shared road with regular lane width와 유사한 유형이지만, 자전거를 위해 상대적으로 넓은 폭을 제공한다.

ⓒ Shared bike & parking lane

자전거와 자동차 주차를 겸용도로이다. 도로의 한 측에 설치된 도로가 자동차 주차와 자전거 도로의 역할을 함께 한다.

자전거 · 보행시 겸용도로

ⓓ Multi-functional lower lane

차로 옆에 인접한 갓길을 자전거가 이용 할 수 있도록 한 것이다. 차량의 긴급한 상황 혹은 고장 수리 등을 위해 일시적인 정차가 가능하며, 자전거와 보행자 통행이 허용된다. 폭은 자전거 통행을 고려하여 1.75m까지 설치할 수 있도록 규정하고 있다.

ⓔ Shared bike & pedestrian lane

우리나라에서 흔히 볼 수 있는 자전거 · 보행자 겸용도로이다.

자전거 전용차로

ⓕ Exclusive bike lane(Marked cycle lane)

차로 옆에 노면 표시로 구분한 자전거 전용차로이다. 교통량이

적고 차량 속도가 30~50km/h인 집분산도로에 적합한 유형이다. 이
유형에서 주로 나타나는 문제는 불법 주정차인데, 이로 인해 자전거
도로의 역할이 제대로 작동하지 않는 경우가 많다.

ⓖ Bike lane with passable separators

도로에 작은 분리 장치를 설치하여 차도와 자전거 도로를 어느 정도 분
리한 유형으로 자전거의 안전성을 개선한 형태라 할 수 있다.

ⓗ Exclusive bike and parking lane

자동차 주차시설 옆쪽에 노면 표시로 구분한 자전거 도로이다.
이 유형은 자전거 이용자의 안전을 위해 차량 속도가 낮은 지역에만

사진5 체코 프라하Prague. Exclusive bike lane
(Marked cycle lane) (출처: 위키피디아, 저자: Petr Vilgus)

사진7 체코 프라하Prague. Exclusive bike and
parking lane (출처: 위키피디아, 저자: Petr Vilgus)

사진6 캐나다 오타와Ottawa. Bike lane with pass-
able separators (출처: 위키피디아, 저자: OttawaAC)

설치되어야 하며, 자동차 도어와 자전거와의 충돌을 방지하기 위해 충분한 넓이를 확보해야 한다.

자전거 전용도로

ⓘ Exclusive bike path on pavement

보도 측에 설치된 자전거 전용차로 유형이다. 보행자 통행과의 상충이 빈번하기 때문에 안전과 이용 편의에 있어서 효율적이지 못하다. 자전거 이용자와 보행자가 혼동하지 않도록 충분한 안내 표시 설치가 필요하다.

ⓙ On-road bike path

차도, 자전거 도로, 보도가 물리적으로 완전하게 분리된 자전거 전용도로이다. 물리적 분리시설로는 연석, 단차, 화단, 펜스 등이 있으며, 자동차가 넘기 힘들도록 분리시설의 폭을 15cm 이상 규정하고 있다.

ⓚ Bike path intermediate -height between pavement and road

차도, 자전거 도로, 보도에 단차를 두는 방식으로 코펜하겐에서 주로 사용되는 유형이다. '전통적인 코펜하겐 방식'(Traditional Copenhagen style)이라고도 한다. 단차의 높이는 차도와 자전거 도로의 사이는 5cm 이하, 보도와 자전거 도로 사이는 8~10cm로

사진8
포르투칼 포보아 데 바르짐Póvoa
de Varzim. Exclusive bike path
on pavement
(출처: 위키피디아, 저자: PedroPVZ)

사진9
창원. On-road bike path

사진10
덴마크 코펜하겐Copenhagen.
Bike path intermediate-height
between pavement and road
(출처: 위키피디아)

사진11
프랑스 파리Paris. Bike path
between parked cars and
pavement

하고 있다.

① Bike path between parked cars and pavement
보도와 자동차 주차 시설 사이에 설치된 자전거 전용도로이고, 현재 코펜하겐에서 많이 사용되고 있어 '코펜하겐 방식'(Copenhagen style)이라고도 부른다.

지금까지 살펴본 결과, 자전거 전용차로는 준독립시설로서 다른 교통수단과 어느 정도의 상충은 불가피한 반면, 자전거 전용도로는 차도 및 보도와 완전히 분리된 독립시설로서 연석, 화단, 단차, 펜스 등을 이용하여 보행자 및 차량 등과의 상충이 원칙적으로 일어나지 않는다. 따라서 이들 자전거 도로 유형은 안전과 편의성, 그리고 비용과 관계가 있다. 즉, 자전거보행자 겸용도로에서 자전거 전용차로나 전용도로는 비용은 많이 들지만 안전성과 편의성이 강화되는 특징이 있음을 알 수 있다.

표2. 자전거 도로 유형별 특징

구분	비용	안전	편리
일반차로	小	小	小
자전거 · 보행자겸용도로			
자전거 전용차로			
자전거 전용도로	大	大	大

사진12 브라질 산토스Santos. 2인 이상 통행 가능한 넓은 자전거 도로 (출처 : 위키피디아, 저자: Marcusrg)

　이 유형들은 자전거 이용률이 높은 많은 나라에서 유사하게 적용
하고 있고, 우리나라에서도 유사하게 구분하고 있음으로 분류체계
는 타당하다고 판단된다. 여기에 보다 세부적인 분류를 위해 자전
거 도로의 '설치위치'와 '주차시설의 유무'에 따라 자전거 도로 유형
을 세분화 하였다.

따라서 표3과 같이 자전거 도로를 자전거보행자겸용도로(Mixed bike way: M), 자전거 전용차로(Bike lane: L), 자전거 전용도로(Bike path: P)로 구분하고, 차로측에 설치된 자전거 도로는 road, 보도측에 설치된 자전거 도로는 pavement로, 주차시설 설치된 경우는 parking으로 하여 세부적인 분류 기준을 정하였다.

표3. 자전거 도로 세부유형 구분 기준

구분	차로측 설치	보도측 설치	주차시설
자전거보행자 전용도로(M)	M_{road}	$M_{pavement}$	$M_{parking}$
자전거 전용차로(L)	L_{road}	$L_{pavement}$	$L_{parking}$
자전거 전용도로(P)	P_{road}	–	$P_{parking}$

* 차로측 겸용도로에 넓은 폭이 필요한 경우: 'Mroad+wide'로 표기

표4는 이 기준에 의해 분류한 자전거 도로 세부 유형을 보여주고 있고, 표5는 각 유형에 적합한 토지이용 특성을 제시하였다.

표4. 자전거 도로 세부유형 및 특징

구분	자전거 도로 유형	단면도	형 태
일반 차로	M_{road}		ⓐ Shard road with regular lane width ⓑ Wide curb side lane
	$M_{parking}$		ⓒ Shared bike & parking lane
보행자자전거겸용도로	$M_{pavement}$		ⓔ Shared bike & pedestrian lane

자전거 전용차로	L_{road}		ⓕ Exclusive bike lane (Marked cycle lane) ⓖ Bike lane with passable separators
	$L_{road+parking,}$ $L_{pavement+parking}$		ⓗ Exclusive bike and parking lane
자전거 전용도로	$L_{pavement}$		ⓘ Exclusive bike lane on pavement
	P_{road}		ⓙ On road Bike path ⓚ Bike path intermediate −height between pavement and road (Traditional Copenhagen style)
	$P_{road+parking,}$ $P_{pavement+parking}$		ⓛ Bike path between parked cars and pavement (Copenhagen style)

이제는 자전거 도로를 토지용도에 맞게 적용하는 방안을 찾아보기로 한다. 토지용도는 자전거가 주로 이용하는 곳을 대상으로 하였다.[19] 표5는 토지용도별 적용에 있어 적합한 자전거 도로를 제시하고 있다.

표5. 토지용도별 자전거 도로 권장 유형

구분	어린이/노인	랜덤통행	5분 미만 임시 주정차
초등학교	$M_{pavement}$	$M_{pavement}$	
고등학교	-	$M_{pavement}$	시간제 주정차 구간 권장
대학교	-	-	-

19) 토지주택연구원, 아산신도시 자전거 이용활성화 방안 연구, 2009 참조

단독/연립	-	-	-
아파트	-	-	-
상업	-	-	$M_{parking}$, $L_{road+parking}$, $L_{pavement+parking}$, $P_{road+parking}$, $P_{pavement+parkin}$
근린생활	-	-	$M_{parking}$, $L_{road+parking}$, $L_{pavement+parking}$, $P_{road+parking}$, $P_{pavement+parking}$

초등학교, 고등학교

초등학교와 고등학교는 넓은 폭을 갖는 분리된 $M_{pavement}$를 우선적으로 고려한다. 단, 고등학교는 하교시간과 같이 5분 미만 임시 주정차 차량이 많은 시간대에는 시간제 임시 주정차를 허용하는 구간 계획을 적극 고려할 수 있다.

시간제
주정차 구간

그림4 초등학교(좌), 고등학교(우) 자전거 도로 권장 유형

대학교, 단독/연립, 아파트

일반적으로 대학교, 단독/연립, 아파트는 자전거 도로 유형과 관련하여 뚜렷한 특성을 찾기 힘들다. 만약 이들 토지용도와 뚜렷한

특성이 나타나지 않는 경우에는 아래와 같은 규칙을 적용하여 자전 거 도로 유형을 결정하는 방법을 택할 수 있다.

- 국내에는 일반차로, 겸용도로, 전용차로, 전용도로를 구분을 결정할 만한 규칙이나 지침이 없으므로, 도로의 제한속도에 따라 자전거 도로 유형을 구분하고 있는 해외 사례를 바탕으로 기준을 정한다.

- 도로의 제한속도에 따른 해외 자전거 도로 유형은 표6을 참고 한다. 그러나 해외의 사례를 적용할 때에는 토지이용이나 보행량 등 주변 환경의 충분한 검토를 거쳐야 할 것이다.

표6. 도로의 제한속도와 해외 자전거 도로 유형

속 도	자전거 도로 유형	
30km/h 이하	Mixed way	일반차로, 자전거 · 보행자 겸용도로
30~50km/h	Bike lane	자전거 전용차로
50km/h 초과	Bike path	자전거 전용도로

자료: CERTU(2006), Basic road safety information: Cyclists, p.2

상업, 근린생활

상업과 근린생활은 짧은 시간의 주정차가 많으므로 주차시설이 설치된 $M_{parking}$, $L_{road+parking}$, $L_{pavement+parking}$, $P_{road+parking}$,

P~pavement+parking~ 등의 유형이 바람직하다. 유형 결정 방법은 위에서 제시한 대학교, 단독/연립, 아파트의 자전거 도로 유형 선정 방법과 동일한 절차에 따라 대분류인 일반차로, 겸용도로, 전용차로, 전용도로를 결정한다. 단, 도로변 주차 시설은 안전상의 주의가 필요하므로 차로수, 교통량, 차량 속도를 충분하게 고려하여야 할 것이다.

그림5 상업, 근린생활의 자전거 도로 권장 유형

지금까지 다양한 자전거 도로 유형과 함께 토지이용에 따른 권장 자전거 도로 유형을 제시하였지만, 우리나라는 아직 자전거 이용률이 저조한데다 자전거 도로 유형과 관련한 연구도 거의 전무한 상태이다. 그러나 적어도 안전하고 쾌적한 자전거 이용 환경을 위해서는 우선 도시부 도로의 자동차 속도를 크게 낮추어야 한다. 자전거를 타는 사람은 여러 토지이용을 지나친다. 가령 보도와 차도, 다양한 형태의 도로를 지나게 된다. 이때 무엇보다 중요한 것은 자전거 이용자에 대한 최소한 안전성인데, 근본적인 대책은 자동차 속도를 충분히 떨어뜨리는 것이다. 도시 내 제한속도를 시속 50km 이내를 줄이자. 그렇게 해야 자전거 이용률은 물론 다양한 자전거 도로의 설치가 가능해질 것이다.

자전거 도로 설치에 신경쓰기

자동차와 보행자 사이에 자전거가 끼어들면서
도로는 한층 복잡해지고 말았다.

13장 | 자전거 도로 설치에 신경 쓰기

도시에서 자전거 도로는 기하구조적으로 설치 자체가 쉽지 않다. 지금까지의 도로가 자동차와 보행자만을 고려한 구조였기 때문이다. 두 도로가 만나는 교차로를 보자. 자동차와 보행자의 상충을 최소화한 신호 체계가 잘 작동되고 있다. 그런데 또 다른 교통수단인 자전거가 들어오면서 상황은 매우 복잡해진다. 자전거의 속도는 보행자와도 자동차와도 엄연히 다르며, 충돌 시엔 어느 쪽이든 다칠 수 있는, 즉 둘러싸고 있는 외형도 같지 않다. 이처럼 전혀 다른 교통수단이 들어오면서 교차로에서의 상충 조건은 몇 배 증가할 수밖에 없고, 그만큼 교통사고의 위험도 함께 크게 증가하게 되었다.

게다가 우리나라는 자전거 이용률이 그다지 높지 않기 때문에 잘못 설치된 자전거 도로는 쉽게 민원의 대상이 된다. 이명박 정권에 한창 만들어졌던 간선도로의 자전거 도로들을 보라. 거의 대부분 철거되었다. 대전 대덕대로(4.8km), 인천의 남동구 청능로(3km)와 연수구 청능교차로(0.35km), 연수고가교(0.3km) 구간의 자전거 도로가 철거되었고, 서울도 강남 잠원동에 만들었던 자전거 도로는 설치된지 두 달만에 철거된 적도 있다. '이용률이 적다', '위험하다', '

자동차가 불편하다'가 그 이유였다. 따라서 자전거 도로를 설치하기 전에 충분한 고민이 필요하다. 본장은 현장에 맞는 자전거 도로의 다양한 설치 방법과 예시를 제시하여 자전거 도로 설치에 따른 문제를 예방할 수 있는 아이디어를 나누고자 하였다. 특히, 교차로, 교통섬, 버스정류장 등 기하구조적으로 복잡하고 많은 교통수단간의 상충이 일어나는 지점을 중심으로 대안을 제시하였다.

자전거 도로 교차로에 설치하기

교차로에 대한 자전거 도로 설치방안은 우선 크게 자전거 전용도로가 차로측에 설치된 경우와 보도측에 설치된 경우로 나눌 수 있다. 다시 차도측에 설치된 경우는 자전거가 교차로를 바로 통과할 수 있도록 한 연속형과 자전거가 횡단보도 옆 자전거 횡단로를 이용하게 한 단절형으로 나눌 수 있고, 보도측에 설치된 경우는 자전거 도로가 보도 내측에 설치된 경우와 외측에 설치된 경우로 나눌 수 있다.

차로측 자전거 전용도로 교차로 처리방안

■ 연속형: 차량 속도가 낮을 때(4차로 이내)

연속형은 자전거 전용도로의 연속성을 위하여 교차로 내 자전거 횡단로를 일직선으로 연결한 것으로, 자전거 이용자의 편의를 우선적으로 고려한 방안이다. 다만, 자전거 이용자의 안전을 위해 간선도로와 같이 차량 속도가 높은 도로구간에서는 바람직하지 않다.

■ 단절형: 차량 속도가 높을 때(4차로 이상)

단절형은 자전거의 연속성과 연결성 보다는 안전을 고려한 처리 방식으로, 자전거 이용자가 교차로를 통과하기 위해서는 안쪽에 설치된 횡단보도 옆 자전거 횡단로를 이용하여야 한다. 따라서, 교차로 직전에 속도를 충분히 낮추어 통과하도록 설계한다.

보도측 자전거 전용도로 교차로 처리방안

■ 자전거 도로가 보도 외측에 설치된 경우

보도 외측에 자전거 도로가 설치된 경우는 일반적으로 차도측에 자전거 전용도로의 설치가 어렵고, 간선도로와 같이 차량속도가 높고, 충분한 넓이의 보도가 확보될 경우에 적용할 수 있다. 이 방식은 보행자와의 상충을 최소화하면서 교차로 이용이 가능하여 널리 적용되고 있는 방식이다.

■ 자전거 도로가 보도 내측에 설치된 경우

자전거 도로가 보도 내측에 설치된 경우는 초등학교 주변도로와 같이 특별히 안전을 고려해야 하거나, 설치 공간의 제약으로 어쩔 수 없는 경우에 한하여 설치하게 된다. 이런 방식은 교차로에서 보행자와의 상충이 빈번하여 보행자 충돌사고 위험이 높고, 자전거 도

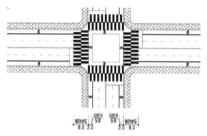

그림1 연속형 교차로 평면 구성 및 재원

사진1 경상남도 창원시

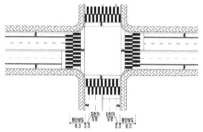

그림2 단절형 교차로 평면 구성 및 재원

사진2 경상남도 창원시

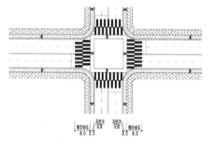

그림3 보도 외측 자전거 도로의 교차로 평면 구성 및 재원

사진3 콜롬비아 보고타Columbia Bogota

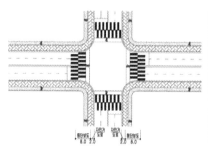

그림4 보도 내측 자전거 도로의 교차로 평면 구성 및 재원

사진4 경기도 동탄

로의 연속성이 떨어져 이용 편의성이 높지 않다. 따라서 충분한 보행자 주의(혹은 보호)표지 등이 필요하다.

입체교차로 처리방안

일반적으로 입체 교차로는 경사로가 설치되어 있어 자전거의 연속성 확보가 가능하며, 자전거 이용자에 대한 편의성을 높이기 위해 설치한다. 반면에 경사로로 인한 보행자 및 자전거 이용자의 이동거리가 증가하고, 일반 보도의 육교에 비해 높은 공사비 및 넓은 부지가 필요하다는 단점이 있다. 설치는 평면 교차로 및 단일로 구간에 자전거 횡단로 설치가 어려운 경우이거나, 경사로 설치시 충분한 종단구배 확보가 가능한 경우에 고려할 수 있다. 여기서 제안한 입체 교차로는 [그림5]에서 제시한 바와 같이 U자 형태를 이용하여 경사도를 크게 낮춤과 동시에 소요 공간 크기가

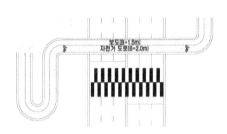

그림5 입체 교차로 평면구성 및 제원

사진5 경기도 동탄

최소화되도록 설계한 것이다. 자전거 도로 2.0m, 보도 1.5m를 두었고, 자전거·보행자 겸용도로로 운영하여 실제로 자전거 이용자는 3.5m를 사용할 수 있도록 하고 있다.

교통섬 처리 방안

차도측 자전거 전용도로 교통섬 처리방안

■ 교통섬에서만 자전거 도로를 보도측에 설치하는 경우

이 방식의 장점은 자전거 도로의 연속성을 확보하고 이용자의 편의를 도모할 수 있으며, 차량과의 상충을 최소화하여 안전 측면에서 유리하다는 것이다. 반면에 단점은 교통섬 이동 시 보행자와 상충이 불가피하며, 교차로 횡단시 교통섬을 진입 후 이동해야 하므로 상대적으로 이동거리가 증가하게 된다. 설치는 보행 통행량이 적어 자전거 이용자와 보행자의 상충이 최소화되는 지역과 교차

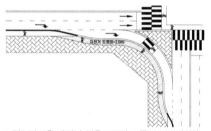

그림6 차도측 자전거 전용도로의 교통섬 처리방안(1)

사진6 독일. 차도측 자전거 전용도로의 교통섬 설치사례

로 우회전 교통량이 많아 사고 위험이 높은 지역에 한다.

■ 교통섬에서 자전거 도로를 차도측에 설치하는 경우

이 방식의 장점은 자전거 도로의 연속성을 확보하고 이용자의 편의를 도모할 수 있으며, 교차로 횡단시 이동거리를 최소화 할 수 있다는 것이다. 반면에 단점으로는 자전거 우회전시 우회전 차량과의 충돌 위험이 있다. 설치는 교차로 우회전 교통량이 적어 차량과 자전거 이용자간의 상충이 적은 지역에 가능하다.

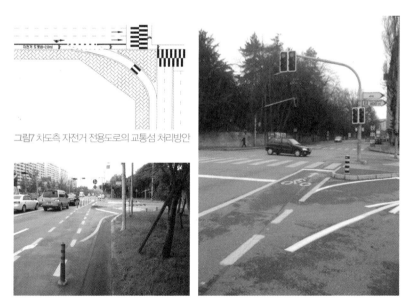

그림7 차도측 자전거 전용도로의 교통섬 처리방안

사진7 (좌)서울 (우)스위스 제네바Geneva. 차도측 자전거 전용도로의 교통섬 설치사례

보도측 자전거 전용도로 교통섬 처리방안

이 방식의 장점은 자전거 도로의 연속성 확보가 가능하다는 것이다. 반면에 단점은 교통섬 이동 시 자전거가 보행자 및 차량과의 충돌 위험이 높다는 것이다. 설치는 보행 통행량이 적어 자전거 이용자와 보행자 간의 상충을 최소화 할 수 있는 지역에 가능하다.

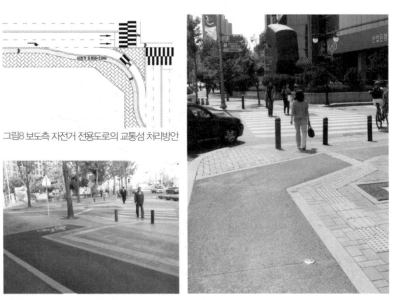

그림8 보도측 자전거 전용도로의 교통섬 처리방안

사진8 서울 송파구. 보도측 자전거 전용도로의 교통섬 설치사례

버스정류장 처리방안

■ 자전거 도로를 버스정류장과 노면 표시로 분리하는 경우

이 방식의 장점은 자전거 이용의 연속성이 높다는 것이다. 반면에 단점은 버스와의 상충이 불가피하여 안전 측면에서 문제가 발생할 수 있다는 점이다. 설치는 버스 배차간격이 넓고 운행 노선이 적은 지역에 가능하다.

■ 자전거 도로를 버스정류장과 겸용하는 경우

이 방식은 자전거 도로의 연속성이 높은 장점은 있지만, 버스 승하차 시 보행자 및 버스와 상충이 많아 사고 위험이 높고, 편의성이 매우 낮다는 단점이 있다. 설치는 버스가 적고, 도로가 좁은 지역에 가능하다.

■ 자전거 도로를 별도의 분리 시설로 버스정류장과 분리한 경우

이 방식의 장점은 차량과의 상충을 최소화하여 안전 측면에서 유리하다는 것이다. 반면에 단점은 보행자 공간이 줄어들고, 버스를 타고 내리는 사람들로 인해 통행에 불편이 있을 수 있다는 것이다. 이 방식은 충분한 공간 확보가 가능하다면 가장 바람직한 방식의 처리라고 할 수 있다.

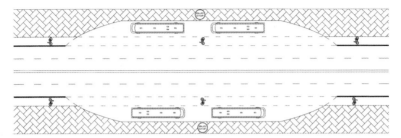

그림9 차도측 자전거 전용도로 버스정류장 처리방안(1)

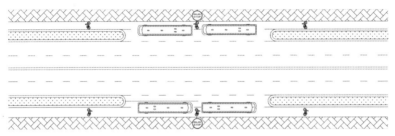

그림10 차도측 자전거 전용도로 버스정류장 처리방안(2)

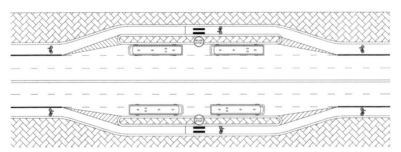

그림11 보도측 자전거 전용도로 버스정류장 처리방안(3)

사진9
창원. 차도측 자전거 전용도로의
버스정류장 처리 설치사례

사진10
창원. 차도측 자전거 전용도로의
버스정류장 처리 설치사례

사진11
대전. 차도측 자전거 전용도로의
버스정류장 처리 설치사례

이 방식은 보도의 정류장 쪽 공간을 보행자와 함께 이용하도록 한 경우로서, 보도가 좁고, 자전거 이용이 많지 않은 경우에 적용할 수 있다.

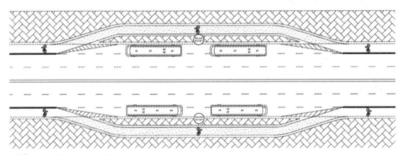

그림12 보도측 자전거 전용도로 버스정류장 처리방안

사진12 (좌)서울 마포구 (우)독일 베를린Berlin. 보도측 자전거 전용도로 버스정류장 처리 설치사례

218

'대한민국 헌법 10조'
행복을 추구할 권리와 보장할 의무에 대하여

약자를 배려하는 것은,
우리가 어떤 모습으로 존재하든
공정한 대접을 받아야 한다는 의지의 다름 아니다.

14장 | '대한민국 헌법 10조'
행복을 추구할 권리와 보장할 의무에 대하여

어느 사회든 장애인은 전체 인구의 상당수를 구성한다. '한국장애인고용공단'에 의하면 국민 100명 가운데 5명은 장애인이다. 따라서 확률적으로는 길에서 마주치는 백 명 중 다섯 명은 장애인이어야 한다. 그렇지 않다면, 그들은 부당한 제도와 위험하고 불편한 시설, 접근이 어려운 교통, 그리고 무엇보다 그들을 열등한 존재로 여기는 비장애인의 시선을 피해 숨어 있기 때문일 것이다. 나는 매일 밖으로 외출을 하지만 마주치는 사람 중에 장애인을 본 기억이 실제로 그리 많지 않다. 우리 동네의 한 번도 사용된 적 없는 듯 수북한 먼지로 쌓여 있는 장애인용 음향신호기도 내 얘기를 증명하는 것이 아닐까?

장애인에 관해 선진외국이 한국과 다른 것은 '장애인을 쉽게 마주친다.'는 것이다. 다시 말해 장애인들을 위한 제도와 시설, 시선의 장벽이 낮다는 말이다. 미국의 경우만 해도, 강력한 장애인보호법 (ADA, Americans with Disabilities Act)이 있어 기업들은 장애를 이유로 취업에 불이익을 줄 수 없고, 대중교통, 공공건물, 상업시설, 공원 놀이 시설은 장애인의 접근을 보장해야 하며, 휴대폰과

사진1 서울 미아삼거리역. 주변으로 백화점과 많은 상점들이 있어 사람들로 붐비지만 장애인들은 거의 찾아 볼 수가 없다.

같은 통신기기조차 충분히 조치할 의무가 있다고 한다.

이에 반해 우리사회는 과거로부터 장애인을 분리하고 격리해 왔으며, 불공정하게 대우해 왔다. 이들에 대한 차별은 고용, 주거, 공공 편의시설, 통신, 의료서비스, 교통, 정책 참여 등 모든 영역에서 있어왔고, 사회적 존재로서, 경제적 존재로서, 공정한 교육을 받을 시민으로서 심각한 불이익을 받아왔다. 한국보건사회연구원에 의하면 2008년 장애인의 월평균가구소득은 일반가구의 54%에 지나지 않는다고 한다. 또한 한국정보문화진흥원의 2010년 정보격차 조사에서도 일반인의 인터넷 이용률이 78%인 반면, 장애인은 53.5%에 불과하다고 보고하고 있다. 고용에 있어서는 더 심각해서 장애인의 취업률은 고작 36%에 불과한 것으로 통계청은 보고한 바 있다.

우리는 장애인에 대한 배려가 특히 필요한 시대에 살고 있다. 왜냐하면 누구든 장애인이 될 수 있기 때문이며, 특히 고령 사회에서 노인으로서의 오랜 시간은 장애인이 될 확률을 더욱 더 높이고 있기 때문이다. 건강했던 사람이 오늘 걷지 못하고, 보지 못한다고 해서 내일부터 평생을 불공정한 차별과 편견 속에서 지내야 하겠는가. 약자를 배려하는 것은, 우리가 어떤 모습으로 존재하든 공정한 대접을 받아야 한다는 의지로서 강조되어야 한다. 대한민국 헌법 10조는 "모든 국민은 인간으로서의 존엄과 가치를 가지며, 행복을 추구할 권리를 가진다. 국가는 개인이 가지는 불가침의 기본적 인권을 확인하고 이를 보장할 의무를 진다"고 명시하고 있다. 장애인은 '병신'이 아니며 '열등한 사람'이 아니다. 단지 신체적 제약으로 마땅히 누려야 할 권리를 놓친 사람들일뿐이다. 따라서 사회는 이들이 평등할 권리, 행복할 권리를 찾아 줄 제도와 시설을 만들고, 비장애인의 의식을 변화시켜야 한다.

다시 말하지만 고령 사회에서 우리 역시 장애인이 될 확률은 훨씬 높아졌다. 그리고 눈이 침침하여 계단을 오르내리는 것이 힘겹고, 외출이 두려워진 우리의 부모님들도 포괄적 의미의 장애를 갖고 있는 것이다.

사진2
국민권익블로그(http://blog.daum.net/ lovea-crc)에서 일상적인 차별에 고통받는 장애인들을 의미하는 이미지를 발췌한 것이다.

시각 장애인을 위한
점자블록 이해하기

기술이나 정책에서 문제가 없다면 결국
그들을 향한 사랑과 배려가 부족하다는 얘기다.

15장 | 시각 장애인을 위한 점자블록 이해하기[20]

지금까지 우리나라의 교통 정책이 자동차의 이동성 효율에 집중하여 주로 도로와 같은 기반 시설 확충에 전력을 기울여 왔고, 그 결과 어느 정도 성과가 있었다. 그러나 이러한 발전 과정 속에서 소외되어 왔던 장애인의 사회적 배려가 지속 가능한 사회를 위해 필요하다는 데에 공통된 인식을 갖게 되었고, 드디어 '복지'를 새로운 국가 아젠다로 채택하기에 이르렀다.

우리 사회에는 많은 장애인들이 있지만 유독 시각 장애인에 대한 배려가 많이 부족하다. 특히 가로 환경으로 나와 경제적 활동이나 오락적 유흥을 하기에는 가로시설이 충분히 뒷받침해주지 못하고 있는 것이 사실이다. 그간 시각 장애인을 위한 많은 다양한 정책이 개발되어 왔음에도 고도화된 선진 사회에 비해서는 턱없이 부족하다고 생각한다. 왜냐하면 시각 장애인을 위한 교통 정책은 흉내는 내기 쉬워도 사회적 배려 없이는 원하는 성과를 얻을 수 없기 때문이다. 교통시설만 하더라도 사회적 배려와 시설에 대한 세심한 살핌이 없이

---

20) 이 글은 한국시각 장애인복지관 홈페이지(http://www.hsb.or.kr/)의 내용을 일부 참고하였음을 밝힙니다.

사진1 서울 하월곡동. 가로수로 인해 점자블록이 꺾여 설치되었다.

사진2 경기도 동탄. 맨홀로 인해 점자블록이 꺾여 설치되었다.

는 정상적인 작동을 기대하기 어려울 때가 많다. 이런 사례를 한번 소개해 보기로 한다.

가장 흔히 볼 수 있는 것은 점자블록이 보도 장애물과 만난 경우이다. 사진1과 사진2에서 볼 수 있듯이 가로수나 맨홀 뚜껑보다 점자블록이 못한 대우를 받는 경우를 종종 본다. 이처럼 점자블록이 가로수나 맨홀을 비껴 설치된 것을 우리나라 도시에서 흔하게 발견할 수 있다. 시각 장애인이 맨홀 뚜껑을 피해가야 하는 것이 상식적인 일인가?

사진3 서울 안암동 K병원 앞 보도   사진4 서울 안암동 K병원 내 보도

또 다른 나쁜 사례로 시각 장애인이 걸을 수 없는 위치에 점자블록이 설치되는 경우이다. 가령, 사진3의 안암동 K병원 앞에 있는 한 점자블록은 화단을 향하고 있다. 왜 이런 점자블록이 생겨났는지 모르겠지만 시각 장애인이 이 길을 내려오는 모습을 상상해보라. 이외에도 이해가 안가는 형태가 참으로 많다.

지금까지 보았던 것은 사실 새삼스러운 것이 아니다. 왜냐하면 장애인에 대한 우리의 생각과 국가 수준의 다름이 아니란 걸 우리 스스로도 알고 있기 때문이다. 그렇다면 이런 문제들을 해결할 방법은 무엇인가? 기술과 정책적으로 문제가 없다면 결국 그들을 향한 사랑과 배려가 중요하다는 얘기인데, 사랑과 배려의 시작은 시각 장애인에 대한 바른 이해[21]로부터 시작한다.

시각 장애인은 목적지를 향한 의도적 곡선 보행이 거의 불가능하며, 랜드마크와 랜드마크를 직선으로 이어 나가는 기하학적 보행을 하기 때문에 쉽게 발견할 수 있는 랜드마크와 장애물 없는 보행 기준선이 필요하다. 원래는 대개의 도로에는 좌우측에 기준선이 있게 마련이다. 차도 쪽으로는 보도 연석이 기준선이 되며, 건물 쪽으로는 건물 경계석이 기준선이 된다. 그러나 문제는 우리나라의 보도 연석은 구조상 가로수, 가로등, 각종 표지판의 기둥들로 차단되어 계속 따라 걸을 수가 없고, 건물 쪽의 기준선은 상점의 진열대, 자전거, 오토바이, 리어카, 각종 물건과 불법 주차까지 포함하여 보행 기준선으로 사용할 수가 없는 곳이 많다는데 있다. 다시 말해 기준선의 역할을 할 만한 곳이 많지 않다는 것이다. 그래서 제3의 기준선으로 점자블록[22]이 그 역할을 대신하고 있는 것이다.

---

21) 시각 장애인은 시력을 완전히 잃고 깜깜한 세계에서 생활하고 있다고 생각하는 사람들이 많으나 사실 그런 사람은 소수에 불과하다. 시각 장애인의 상당수는 명암을 구분할 수 있는 광각이 있거나 희미하게나마 색깔을 구분할 수 있거나 또는 여러 가지 정도의 잔존 시각 기능을 이용하여 그것을 일상 생활에 중요하고 유효하게 활용하고 있다. 시각 장애를 시력 장애와 혼동하는 경우도 많다. 먼 곳이나 작은 물건이 보이지 않는 시력의 장애가 곧 시각 장애로 착각하는 사람이 있으나 시력 장애는 시각 장애의 일부에 불과하다. 의학적으로 시각장애에는 시력, 시야, 광각, 색각, 굴절, 조절, 양안시 등 모든 시각 분야의 이상 현상이 포함된다. 그러나 법적으로는 시력과 시야의 이상만을 장애로 정하고 있다.

22) 점자블록에는 점형블록(위치 표시용)과 선형블록(방향 표시용)이 있다. 점자블록은 1967년 일본의 미야케세이치가 고안하였으며, 1974년에는 〈도로의 맹인 유도시스템 등에 관한 연구위원회〉가 조직되어 1975년 두 차례에 걸친 실험을 통해 설치 기준

230

사진5 프랑스 파리. 보도 양 옆의 보도 연석과 건물 기준선이 보행 기준선 역할을 분명히 하기에 점자 블럭이 필요없다.

사진6 일산 식사동의 J아파트 단지. 가로수 때문에 보도 연석을 기준선으로 활용 할 수 없다. 단지 내 보도 연석 쪽에는 가로수를 설치를 가급적 지양해야 한다.

사진7 경기도 동탄. 보도 연석과 우측 건물선 모두 보행 기준선으로 쓸 수 없어 점자블록이 시각 장애인의 보행 기준선으로서의 역할을 하게 된다.

이 마련되었다. 이 실험에서 이것이 완전한 유도 방법은 못되나 흰지팡이가 단독 보행의 보조 설비로서는 충분한 인정을 받았으며, 현재는 세계 여러 나라들이 채택하고 있다. 점자블록은 시각 장애인 보행의 특성인 직선 이동, 방향 전환, 목적지 발견의 3요소를 고려하여 특정 지점의 위치를 확인하기 쉽게 하고, 이동해야 할 방향을 정하는데 도움을 줄 수 있다.

① 점형블록은 각종 단차의 위치, 출입구의 위치를 표시해 주고 위험물을 둘러막아 위험을 사전 경고하는 용도로 사용된다. 횡단보도, 지하도, 육교, 계단의 시작 지점과 끝 지점에 설치하여 그 위치를 발바닥이나 지팡이 끝으로 감지하여 실수 없이 정확한 위치에 정지하게 한다.

② 선형블록은 보행로의 진행 방향, 횡단보도의 횡단 방향, 출입구의 진입 방향 등을 유도해 준다. 철도 역사나 각종 터미널에서는 수속 절차에 따른 진행 동선을 계속 연결하여 이동 동선에서 이탈하지 않도록 하며, 맹학교나 시각 장애인 이용 시설, 공공 건물 및 공중 이용 시설 등은 주변의 버스정류장이나 전철역으로부터 시설 입구까지 계속 유도하여 목적지에 쉽게 도착할 수 있게 한다.

점자블록은 '장애인 · 노인 · 임신부 등의 편의증진 보장에 관한 법률 시행령'의 [별표2] 대상 시설별 편의 시설의 종류 및 설치 기준'에서 정하고 있다. 본고에서는 [별표2]를 참고하여 시각 장애인을 위해 디테일한 배려가 될 만한 필요한 사항을 제시한다.

점자블록이 제대로 이용 가능하도록 가로환경을 조성해야 한다. 시각 장애인의 보행 기준선은 일반적으로는 보도의 연석과 건물 경계석이지만, 가로수, 가로등, 표지판, 상품 진열대, 불법주차 등 여러 장애물로 인해 점자블록을 기준선으로 대신 설치하고 있다. 일반적인 가로 환경에서 점자블록의 설치 자체가 문제가 되는 곳은 찾기 힘들다. 다시 말해, 이 기준은 잘 지켜지고 있다. 정작 문제는 외적 환경에 있다. 많은 경우, 점자블록은 상점 진열품, 자전거, 불법주차 차량 등으로 인해 정상적인 작동을 못하는 경우가 많고, 이런 열악한 환경이 곧 시각 장애인을 거리에서 쉽게 볼 수 없는 이유가 되고 있다.

사진8 성남시 분당. 상품 진열로 인해 점자블록이 침해받고 있다.

사진9 경기도 동탄. 자전거 주차로 인해 점자블록이 침해받고 있다.

횡단보도, 지하도, 육교 출입구, 주요 건물 입구 앞 점형블록은 30cm 이격하여 설치한다. 점자블록 설치의 가장 많은 오류가 점형블록을 도로경계에서 30cm의 안전거리를 떼지 않고 설치하는 것이다. 30cm의 이격을 두는 것은 시각 장애인이 실수로 차도로 떨어지는 사고, 장애물이 있는 경우는 장애물과 부딪히는 사고를 피하기 위함이다. 30cm 이격 없이 설치한 사례가 다수 발견되는 것은 역시 시각 장애인에 대한 이해와 배려의 부족 때문일 것이다.

횡단보도를 시각 장애인이 그냥 지나치지 않도록 선형블록을 보도의 4/5까지 내어 설치한다. 횡단보도 앞 점자블록 설치에서 가장 많은 오류는 선형블록을 보도의 중간 정도에서 시작하는 것이다. 이럴 경우, 시각 장애인이 횡단보도를 인지하지 못하고 그냥 통과할 수도 있다. 따라서 횡단보도로 유도하는 선형블록은 횡단방향과 일치시키고, 보도 폭의 5분의 4가 되는 지점 혹은 보도의 안쪽 경계선에서 30cm까지 길게 설치해야 한다.

공공시설에서 교통시설을 연결하는 보도에는 점자블록을 설치하여야 한다. 공원, 공공 건물 또는 공중 이용 시설 등의 모든 건축물은 주출입구에서 대중교통수단의 정류장에 이르는 보도에 점자블록을 연속 설치하여야 한다. 그리고 버스정류장이나 택시 승강장을 지날 때 반드시 발견할 수밖에 없도록 점자블록은 횡단보도의 유도 방법과 같이

사진10
일본 신덴 하트아일랜드 新田ハ
ートアイランド

사진11
일본 후쿠오카福岡. 버스정류장
앞으로 점자블록이 친절하게 연
결되어 있다.

사진12
일본 후쿠오카福岡. 주출입구에서
대합실로 이어지는 곳으로 점자블
록이 설치되어 있다.

선형블록을 60cm 이상의 폭으로 보도를 가로질러 승차지점까지 T자 형태로 설치하는 것이 좋다.

교통 시설의 주출입구에서 매표소, 대합실, 승강장에 이르는 통로에는 점자블록을 설치하여야 한다. 철도역, 도시철도역, 시외버스 터미널, 선박 터미널, 공항 등이 이에 속하며, 출입구로부터 탑승 수속 절차 상 반드시 거쳐야 하는 매표소, 개찰구를 지나 승강장에 이르는 통로에는 연속적으로 점자블록을 설치하여야 한다. 이동 동선은 가능한 한 단순한 것이 좋으며 필요 이상의 분기점은 혼동을 일으킬 염려가 있으므로 피하는 것이 좋다.

경사가 심한 보도는 점자블록 대신에 핸드레일을 설치한다. 경사가 심한 보도는 시각 장애인의 불편을 최소화하고, 겨울철의 결빙 혹은 눈으로 인한 미끄러지지 않도록 점자블록보다는 핸드레일을 설치하는 것이 좋다.

점자블록은 도로 방향과 평행하고, 횡단보도와 직각으로 설치하여야 한다. 시각 장애인은 직선이동을 하기 때문에 점자블록이 도로 방향과 평행으로 있어야 보도에서 이탈하지 않으며, 횡단보도와는 직각으로 설치되어야 바르게 건널 수 있다.

사진13
서울 숭인초등학교 앞. 경사가 심한 곳으로 핸드레일이 점자블록을 대신해 보행 기준선으로 활용된다.

사진14
수원 호매실. 기준에 맞게 도로 방향과 평행. 횡단보도와는 직각으로 잘 설치된 사례를 보여주고 있다.

사진15
서울 월곡로. 도로 방향과 평행하지도 횡단보도와 직각으로 설치되지도 않은 점자블록을 보여주고 있다.

가로수 등 장애물로 인해 끊어지지 않아야 한다. 점자블록이 필요한 곳에 설치되어야 함은 물론, 다른 보행 장애물로 인해 그 선형을 함부로 바꾸거나 끊어서는 안 된다. 다행히 이에 대한 문제의식이 확산되어 최근에는 좋은 사례가 많이 관찰되고 있다.

보도 단차에 유의하여야 한다. 불량한 보도 단차는 상업지구, 건물 진출입이 많은 곳에서 흔히 발견된다. 신경이 무딘 곳에서는 단차가 흔히 나타나며, 조금만 한눈을 팔면 넘어지기 십상이다. 이것 모두 차량이 우선이 되고 중심이 되어온 탓이다. 사람이 건물 앞 자동차 진출입로를 건너려 할 때, 그리고 차량이 건물로 진입하려고 할 때 누가 멈춰 서는 가를 보면 누가 통행 우선 순위가 높은지 쉽게 알 수 있다. 당연히 자동차다. 그렇기 때문에 사람은 굴곡진 보도를 오르내리고, 차량은 차도와 똑같은 레벨의 진입로를 미끄러지듯 들어가는 것이다. 이런 곳을 지나는 사람들, 특히 장애인들 입장에서 어떨지는 말해 무엇하랴. 다행히 최근에 수립된 '보도 설치 및 관리 지침(2004)'에서는 이면도로 진입부에 과속방지턱형 횡단보도를 설치하여 보도의 높이를 유지하고, 보도의 평탄성을 확보하도록 규정하고 있다23). 선진 외국의 경우 건물 진출입로는 물론 이면도로에 대해서도 보도와 만나는 차로의 높이는 보도 높이만큼 올리도록 하고 있다. 따라서 보도와 차도의 단차에 대해서는 유의해서 설계 및 시공이 될 수 있도록 해야

---

23) 이전에 대부분의 이면도로에서는 반대로 보도의 턱을 낮추도록 하고 있었다.

사진16 일본 하마마츠쵸浜松町

사진17 경기 동탄. 건물 진출입로의 보도단차로 인해 일반인은 물론 시각 장애인의 불편이 클것으로 예상된다. 단차가 있는 곳에도 점자블록은 없다.

사진18 일본 하타노다이旗の台. 작은 골목길을 만나는 곳에도 점자블록을 설치하여 시각 장애인의 안전을 도모하고 있다. 특히, 이곳은 보행자를 위해 연석의 높이를 매우 낮추었는데, 이로 인한 시각 장애인의 불편을 제거하기 위해 연석에도 선형 점자를 넣었다.

238

한다. 단차가 불가피할 경우에는 시각 장애인을 위한 점자블록을 단차 지점에 설치해 주어야 한다.

귀감이 될 만한 장애인 시설들

시각장애인의 상당수는 희미하게나마 명암과 색깔을 구분할 수 있는 약시자이다.
이들을 포함한 정책과 제도가 필요하다.

16장 | 귀감이 될 만한 장애인 시설들

우리나라의 가로 환경이 비장애인에게조차 열악하다는 이유로 장애인의 가로 환경을 등한히 해서는 안 된다. 물론 우리나라는 장애인의 가로 환경을 위해 노력해왔으며, 장애인을 위한 국가 정책을 계속해서 발전시켜 왔다. 그러나 도시의 가로 환경은 한순간의 정책이나 계몽으로 쉽게 바뀌지 않는다. 끊임없이 노력해야 한다. 특히 좋은 사례를 끊임없이 발굴하고 귀감이 되게 하여야 한다.

사진1은 독일 볼프스부르크_{Woltsburg}의 Autostadt[24)라는 곳에서 찍은 것이다. 휠체어를 위한 경사로와 계단이 만나는 곳은 계단 단차가 다른 곳과 차이가 발생하는데, 약시자의 안전을 위해 그 부분을 노란색으로 표시하고 있다. 한국시각장애인복지관[25)에 따르면 시각장애인이 시력을 완전히 잃고 깜깜한 세계에서 생활하고 있다고 생각하는 사람들이 많으나 사실 그런 사람은 소수에 불과하다고 한다. 시각 장애인의 상당수는 명암을 구분할 수 있는 광각이 있거나 희미하게나마 색깔을 구분할 수 있거나 또는 어느 정도의 잔존 시각기능

---

24) http://www.autostadt.de, 주소: Stadtbrücke, 38440 Wolfsburg, 독일
25) http://www.hsb.or.kr

사진1 독일 볼프스부르크Woltsburg, Autostadt. 약
시자를 배려한 계단

사진2 일본 후쿠오카福岡. 점자블럭 설치모습

을 이용하고 있다고 한다. 따라서 완전히 시력을 잃은 장애인은 물
론 약시자를 위한 정책적 배려도 중요한 것이다.

사진2는 일본 후쿠오카福岡의 횡단보도 앞 점자블록을 보여주고
있다. 점자블록 설치 기준에 맞게 매우 디테일하다. 점자블록은 장
애인이 횡단보도를 그냥 지나치지 않도록 보도 횡방향으로 4/5지점
이상 설치하도록 하고 있는데, 이곳은 그 기준을 만족시켜 설치하고
있다. 이 기준을 만족하여 설치하고 있는 곳은 흔치 않은데, 우리나
라는 마산이 이 기능을 제대로 만족시키고 있는 것 같다.

점자블록으로 또 다른 우수 사례로는 사진4와 같이 일본 도쿄東京
미타카三鷹의 커뮤니티존[26]이 있다. 이곳은 보행자의 안전을 위해 도
로를 일방통행으로 하였고, 보도와 차도의 단차를 줄이고 연석을 직

---

26) 미국과 유럽의 Zone 30, Tempo 20, Home Zone, 우리나라의 보행우선구역과 유
사한 보행 환경 개선 지역을 말한다.

사진3 창원시 마산합포구청앞. 점자블록이 원칙과 기준에 맞게 제대로 설치되어 있다. 특히 시각 장애인이 좌측의 횡단보도를 놓치지 않도록 보도를 횡으로 충분히 가로질러 설치되어 있다.

사진4 일본 도쿄 하타노다이旗の台. 연석 끝부분에 점자를 넣어 시각 장애인이 차도쪽으로 이탈되지 않도록 보호하고 있다.

사진5 일본 도쿄東京. 횡단보도 정중앙에 에스코트존이라 불리는 점자블록을 설치한 모습이다.

각이 아닌 비스듬히 처리했는데, 여기에 시각 장애인을 위해 점자를 넣어 차도와 보도를 구별케 하고 있다.

또 하나, 사진5에서 볼 수 있는 것처럼 일본 도쿄東京에는 시각 장애인이 횡단보도를 안전하게 건널 수 있게 한 에스코트존(escort zone)이란 것이 있다. 에스코트존은 시각 장애인이 횡단보도를 이탈하지 않고 안전하게 건널 수 있도록 횡단보도 내에도 점자블록을 설치한 것을 말하는데, 도쿄東京는 2009년부터 3년에 걸쳐 395개소에 이와 같은 에스코트존을 설치했다고 한다.[27]

사진6은 시각 장애인에 대한 우리나라 가로 환경의 실정을 잘 표현하고 있다. 작은 골목길인데, 우선 이곳은 보행 기준선으로 연석 활용이 가능하므로 점자블록이 불필요한 곳이다. 그런데 불법주차 차량으로 인해 애써 설치한 점자블록 조차도 소용이 없다.

사진6 서울 월곡동. 점자블록이 있지만 주차 차량으로 인해 제 역할을 할 수가 없다.

---

27) http://blog.livedoor.jp/ouensitemasu/archives/51576596.html

사진7과 사진8은 일본 도쿄東京의 미타카역三鷹驛 난간에 설치된 점자 정보를 보여주고 있다. 여기에는 버스정류장, 택시정류장, 파출소와 화장실 정보를 제공해 주고 있다. 우리나라도 비슷한 난간에 설치된 점자안내 표지가 있지만, 일본과 같이 많은 정보를 제공해 주지는 않고 있다.

한편, 유사한 점자안내 표지로서 화장실 안내도가 있다. 점자의 한계상 화장실의 시설 위치를 완벽하게 제공하지는 못하겠지만 대

사진7 일본 도쿄東京 미타카역三鷹驛 난간에 설치된 점자안내정보

사진8 미타카역三鷹驛 난간에 설치된 점자안내정보. 다양한 정보(버스와 택시정류장, 파출소, 화장실 등)를 제공해주고 있다.

사진9 우리나라 난간에서 흔히 볼 수 있는 설치된 점자안내 표지

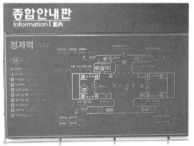

사진10 경기도 분당 정자역 입구. 점자안내판

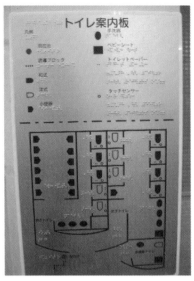

사진11 일본 도쿄東京. 화장실 입구 점자안내판

사진12 일본 교토京都 데마치야나기역出町柳駅. 휠체어 이용자를 위해 화장실 거울을 기울여 놓았다.

사진13 네덜란드 암스텔담Amsterdam. 장애인을 위한 넓은 주차장이 인상적이다.

사진14 서울 월곡동의 대형 할인마트점. 휠체어 이용자의 편의성을 높인 주차면이다.

략적인 화장실 구조와 변기 형태도 알려주고 있다.

사진12는 일본 교토京都의 데마치야나기역出町柳駅에서 본 화장실 사진이다. 휠체어 이용자를 위해 세면대 보조 시설은 물론 거울을 기울여 휠체어 이용자의 편의를 크게 높이고 있다. 물론 경사진 거울은 일반인이 보기에는 약간 불편하지만, 거동이 자유로운 정상인 이라면 충분히 감수할 만하다고 생각한다.

사진13과 사진14는 모두 장애인용 주차장이다. 모두 일반 주차 공간보다는 넓어 장애인이 이용하는데 불편이 없도록 하였다. 게다가 두 주차면 모두 주차면 사이에 충분한 공간을 두고 있다. 이 공간은 주차 후 휠체어를 위한 충분한 공간이 된다. 사람들은 주차 공간의 정중앙에 주차하려는 경향이 있는데, 그 때문에 휠체어를 위한 공간이 나오지 않는 경우가 많다. 그래서 주차면과 주차면 사이에 휠체어 공간을 위해 노면포장이나 색깔 등으로 표시를 한 것이다.

그러나 문제는 장애인 주차면을 누가 이용하고 있느냐 하는 것이다. 장애인 전용 주차 구역에 주차를 한 사람들은 장애인용을 증명하는 스티커를 붙인 자동차를 갖고 다니는 비장애인인 경우가 많기 때문이다. 그러나 법적으로 장애인 전용 주차 구역은 장애인 스티커를 붙인 차량이라고 무조건 주차할 수 있는 곳이 아니다. 반드시 보행상 장애가 있는 장애인이 탑승하고 있거나, 장애인이 직접 운전하고 있는 경우에만 이용할 수 있는 것이다. 자동차에 장애인 스티커는 붙어 있으되 멀쩡히 걸어 나오는 그 운전자는 모를 것이다. 자기가 '장애인 · 노인 · 임산부 등의 편익증진 보장에 관한 법률 제27조 제2항 및 동법 시행령 제13조'에 따라 10만원의 과태료를 물어야 한다는 사실을 말이다.

(장애인 · 노인 · 임산부 등의 편익증진 보장에 관한 법률 제27조 제2항)

② 제17조제3항의 규정에 위반하여 장애인 자동차 표지를 부착하지 아니하거나 장애인 자동차 표지가 부착된 자동차로서 보행에 장애가 있는 자가 탑승하지 아니한 자동차를 장애인 전용 주차구역에 주차한 자는 20만원 이하의 과태료에 처한다. 〈개정 2003.12.31〉

(장애인 · 노인 · 임산부 등의 편익증진 보장에 관한 법률 시행령 제13조에 의한 별표 3)

[별표 3] 〈개정 2012.8.22〉

과태료의 부과기준(제13조 관련)

위반행위자	근거법령	과태료
3. 법 제17조제3항을 위반하여 장애인 자동차 표지를 부착하지 아니하거나 장애인 자동차 표지가 부착된 자동차로서 보행에 장애가 있는 자가 탑승하지 아니한 자동차를 장애인 전용 주차구역에 주차한 자	법 제27조 제2항	10만원

사실 어느 장애인 주차 구역에도 이 과태료에 대해 알려주지 않고 있고, 그래서 많은 사람들이 몰라서 지키지 못하는 경우도 많다고 생각한다. 그런데 우연히 대전의 한 대형마트에서 정확한 과태료 안내 표지를 발견했다. 아마 처음 본 것 같다.

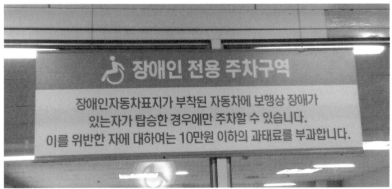

사진15 대전 대형 할인마트. 정확한 장애인 전용 주차 구역의 과태료 안내표지

지하철에서 만난 감동

지하철, 규모의 성장만 있었던 것이 아니다.

17장 | 지하철에서 만난 감동

　지하철[28]은 분명 불편한 교통수단이다. 서서 가는 것도 힘이 들고, 갈아타는 것도 짜증나는 일이다. 게다가 처음 보는 사람들의 무표정한 얼굴을 대해야 하는 것도 좋은 일이 아니다. 이런 이유로 사람들은 자기 자동차를 구입해야겠다고 마음 먹는지도 모른다. 그럼에도 자동차의 증가로 인한 사회적 비용, 주차장 건설, 교통혼잡, 대기오염 등을 줄이기 위해 국가는 대중교통 활성화에 목을 맨다. 지금까지 지하철로 사람들을 유인하기 위해 국가는 많은 노력을 기울여 왔다. 그 결과 지하철의 시설 개선에 큰 성과가 있었다.

　나는 가끔 지하철을 탄다. 5분 거리로 집에서 가까워서 편하고, 도시 주요 지역 어디에도 갈 수 있고, 출발지와 목적지가 결정되면 노선 자체는 단순하고 명쾌해서, 버스보다 지하철이 더 편하게 느껴진다. 지하철역 입구에 들어서면 매표소로 가기까지 계단을 만나

---

28) 본고에서 말하는 지하철은 지하철뿐만 아니라 지상전철, 경전철 등 도시 내 교통을 담당하는 궤도교통, 즉 도시 철도를 의미한다. 우리나라의 지하철은 1호선이 1974년 서울역~청량리의 7.8km 구간을 첫 개통한 이래 40년이 된 2013년 현재 수도권에는 1호선에서 9호선까지 9개 노선과 분당선, 신분당선, 중앙선, 경의선, 경춘선, 공항철도, 수인선, 인천 메트로 1호선이 있고, 부산광역시에는 총 4개 지하철과 김해경천철, 대구광역시에 2개 노선, 광주광역시에 1개노선, 대전광역시에 1개 노선이 운영 중에 있다.

사진1 서울 미아삼거리역. 우리나라 대부분의 지하철역 계단은 사진과 같이 미끄럼 방지처리가 되어 있다.

는데, 이곳부터 일반 가로에서는 볼 수 없는 차원 높은 서비스가 시작된다. 지하철역의 계단은 모두 미끄럼 방지 처리가 되어 있다. 예전 같으면 비나 눈이라도 오는 날이면 미끄러워 넘어질까 조심스러웠는데, 지금은 전혀 그렇지 않다. 일본에 갔을 때 본 적이 있는 미끄럼 방지 처리된 계단을 보면서 선진국과의 차이를 느낀 것이 5~6년 전이었는데 어느새 우리나라에서도 이런 시설을 볼 수 있게 되었다.

계단을 지나 플랫폼까지 가는 길이 깊은 역에는 반드시 에스컬레이터나 엘리베이터가 설치되어 노약자의 이동 편의를 배려하고 있는 것도 우리나라의 지하철이다. 특히 에스컬레이터는 많은 사람들이 타기 때문에 그 유용성은 이루 말할 수 없다. 다만 아쉬운 것이 하나 있는데 긴급 정지버튼의 위치이다. 에스컬레이터 사고는 잦은 편이다. 특히 역주행, 끼임 등이 많아 정지가 필요한 상황이 발생하곤 하는데 정지버튼이 쉽게 눈에 띄지 않는다. 그렇다면 긴급 정지버튼은 어디에 있을까? 에스컬레이터가 시작하는 혹은 끝나는 아래쪽 부근에 있다. 그런데 배려가 뛰어난 외국은 대개 긴급 정지버튼을 사람

사진2 홍콩Hong Kong. 에스컬레이터 긴급 정지버튼. 누구나 쉽게 알 수 있는 위치에 있다.

사진3 영국 런던London. 에스컬레이터 긴급 정지버튼

사진4 대전 지하철. 긴급 정지버튼이 시작 부근에 있어 찾기도 어렵고, 비상시에 사용도 어렵다.

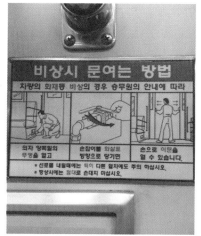

사진5 서울 지하철. 수동으로 문을 여는 방법이 복잡하다.

사진6 서울 지하철. 비상시에 커버를 열고 스위치를 오른쪽으로 돌려야 수동으로 문을 열 수 있다.

사진7 영국 지하철 단지 당기는 것
만으로 수동으로 문을 열 수 있다.

사진8 스위스 취리히|zürich 지
하철.

사진9 태국 방콕Bangkok 전철

사진10 지하철의 최단 환승이 가능한 정차역 위치
는 물론 목적지 역까지 걸리는 시간과 환승 노선까
지 알려주고 있다.

사진11 최단 환승 정차역 위치를 보여주고 있다. 가
령, 6호선 약수역의 정차 위치 8-4는 3호선 약수역
환승통로로 곧바로 이어진다.

사진12 부산 지하철. 차량 외부에서 볼 수 있는 약
냉방차 표지

사진13 일본 미타카역三鷹駅. 열차가 아닌 플랫폼
위에 약냉방차 표시가 되어 있다.

들의 눈에 띄기 쉬운 곳에 큼지막하게 설치해 놓고 있다. 위험한 상황에 대처하기 위해 설치해 놓은 것이니 만큼 쉽게 찾을 수 있고, 쉽게 작동시킬 수 있어야 한다는 생각 때문일 것이다.

비상시 필요한 버튼은 열차 안에도 있다. 비상시에 수동으로 문을 열거나 열차를 정지시키기 위한 용도인데 우리나라의 비상시 수동으로 문을 열 수 있는 방법에서 배려가 돋보이는 외국과는 많이 차이를 보인다. 사진5의 '비상시 문여는 방법'은 제대로 읽지 않으면 안될 정도로 복잡하여 비상시 빠르게 대응할 수 있을 것이라고 보이지 않는다. 또 다른 것으로 사진6의 장치, '커버를 열고 손잡이를 오른쪽으로 돌리'는 방법은 보통 '연다'는 혼동을 일으키기 쉽다. 보통 '연다'는 의미는 왼쪽으로 돌리는 것이기 때문이다. 비상버튼은 직관적이어야 한다. 논리적으로 읽고 해석할 시간이 충분하게 주어지지 않기 때문이다. 사진7, 사진8, 사진9의 런던London이나 취리히zürich, 방콕Bangkok의 지하철만 하더라도 '직관적 당김'만으로도 쉽게 문을 수동으로 열 수 있다.

지하철 플랫폼에는 열차 시간표가 붙어 있다. 여러 곳에 붙여놓았으면 좋겠다고 생각하지만, 그나마 다행히도 플랫폼의 앞과 뒤에서는 시간표를 볼 수 있다. 그런데 이 시간표는 매우 정확하다. 배차 시간을 열차들은 정확히 지키고 있다. 또한 플랫폼에서는 노선도를 볼 수 있는데 이 노선도에는 환승 정보까지 표시되어 있고, 빠른 환승이 가능한 플랫폼 위치까지 자세하게 제시해주고 있다. 이 정보는 유용해서 잘 알아두면 쓰임새가 매우 좋다.

여름이면 약 냉방차를 일부러 찾는 사람들이 있다. 그런데 이 약냉방차가 몇 번째 칸에 있는지 아는 사람이 없으며, 이 약냉방차는 열차를 타기 전에는 알 수가 없다. 약냉방차 표시가 열차에 붙어있기 때문이다. 그런데 일본 지하철의 약냉방차 표시는 열차가 아닌 플랫폼에 쓰여 있다. 따라서 해당 플랫폼을 찾아 거기서 기다리면 된다. 반면 우리는 열차에 탄 후에 찾아 다니지 않으면 안된다. 어느 것이 맞겠는가?[29]

열차 안에 자리가 없으면 문 옆으로 늘상 기대 서있는 사람들이 있기 마련이다. 그럴 때면 앉아 있는 사람의 팔꿈치가 기대 서있는 사람의 엉덩이에 닿게 되는 일이 많다. 외국의 사례를 보자. 방콕 Bangkok의 경우는 투명한 칸막이로 아예 막아놓았다.

한편 지하철 플랫폼에는 사고가 많다. 투신이나 사고 등으로 2009년에는 71명, 2010년에는 50명이나 사망했다.[30] 부상을 포

---

29) 최근, 지하철 6호선에서 플랫폼에 약냉방차 표시를 쓰기 시작했다.(2013년 7월)
30) 철도사고 통계분석 시스템(www.railsafety.or.kr)

사진15 방콕Bangkok은 칸막이 시설을 통해 프라이버시를 지킬 수 있도록 하고 있다.

사진14 우리나라 지하철. 의자 칸막이 형태가 서있는 사람의 엉덩이와 앉아있는 사람의 팔꿈치가 닿는 일이 많을 수 밖에 없는 구조이다.

사진16 서울 지하철. 스크린 도어

사진17 부산 1호선. 스크린 도어 정도까지는 아니지만 그 정도의 효과가 있을 것이라고 생각한다. 게다가 스크린 도어에 비해 갑갑하지 않아 개인적으로는 이것이 더 좋다.

함하면 하루에 보통 1건, 많게는 2건 정도 꾸준히 발생한다고 한다. 그래서 스크린 도어를 설치하기 시작했고, 서울 지하철의 경우는 거의 모든 역에 설치하고 있다. 하지만 부산 지하철 1호선에 본 시설은 비싼 스크린 도어를 대신할 수 있을 정도로 효과가 있지 않을까 생각한다. 플랫폼에 세운 방호울타리를 살짝 구부려 놓았을 뿐인데, 구조적으로 사람이 넘기에는 거의 불가능하니 말이다.

1974년 첫 서울역-청량리역 구간이 개통된 이래 우리나라의 지하철은 규모면에서 놀란 만한 성장이 있었다. 서울만 해도 지하철의 수송분담율은 전체의 36%에 이르고 있을 정도이니 말이다. 다행인 것은 규모의 성장만 있었던 것이 아니라 시민을 위한 서비스도 계속해서 발전해 가고 있다는 것이다. 최근에는 배려와 디테일이 돋보이는 시설도 많이 볼 수 있다. 얼마 지나지 않아 세계 최고의 서비스를 자랑하는 지하철로 거듭날 것을 기대할 수 있을 것 같다.

버스, 시설이 아닌 서비스가 핵심

성북구보

상월곡역
Sangwolgok Station

월곡역
Wolgok Station

돌곶이역 6
Dolgoji Station

새석관시장

월곡중학교

상월곡역 6
Sangwolgok Station

월곡역 6
Wolgok Station

성

한국과학기술연구원앞구

동덕여대앞

월곡역 6
Wolgok Station

종암SK아파트

KT월곡지사

종암경찰서

고려대교앞

숭례초등학교

종암동주민센터

종암

버스가 정류장에 완전히 정차하기 전에는 자리에서 일어나지 마세요.

18장 | 버스, 시설이 아닌 서비스가 핵심

우리나라의 버스는 1911년 진주에 살던 일본인 에가와(江川)가 포드 8인승 무게차 1대를 들여와 마산-진주, 진주-삼천포 구간을 운행한 것이 처음이라고 한다. 당시 버스는 저녁에 가스등을 켜고 운행했으며, 천막으로 지붕도 만들었다고 한다. 그렇지만 버스 영업이 본격화된 것은 이로부터 10년이 지난 1920년대였다. 특히 1928년 경성부청(현 서울시청)에서 20인승 대형버스 10대를 일본에서 들여와 서울시내 주요 간선도로에 도입한 것을 시작으로 버스는 대중교통으로서의 지위를 얻기 시작했다.

그리고 버스는 곧 서민의 발이 되었다. 지하철이 편리하지만 주요 지역만을 갈 수 있는 반면, 버스는 거의 모든 곳을 다닐 수 있기 때문이다. 사실 특별시와 광역시를 제외한 대부분의 중소 도시는 버스가 유일한 대중교통이기도 하다. 그러나 버스는 불편하다. 10여 년전만 해도 버스는 불친절의 대명사였다. 버스정류장을 그냥 지나치기 일쑤였고, 도로 한가운데에 정차하는 것이 예사였으며, 승객이 출구로 좀 늦게 나오기라도 하면, 빨리 나오라고 야단치는 일도 많았다. 다행히 중앙버스전용차로, 광역버스가 생겨나고, 친환경버스

사진1 서울. 버스 서비스는 크게 개선되었다. 특히 중앙버스전용차로와 준공영제 시행이 대표적이다.

(CNG버스)로 교체되었으며 2004년 서울을 시작으로 도시들이 준공영제[31]를 실시하면서 서비스를 크게 신장시켜왔다.

특히 지불 방법에 있어서는 획기적인 발전이 있었다. 버스는 과거 현금, 토큰, 회수권 등을 통해 요금을 지불했었다. 그러던

---

31) 수익금을 민간운수업체가 공동으로 관리하고, 지방자치단체는 재정을 지원하는 등의 방식으로 버스 운영체계의 공익성을 강화한 제도다. 서울시는 2004년 7월 1일부터 버스 준공영제를 도입해 시내버스 회사가 벌어들인 수익에서 운송비를 제외한 적자분을 전액 보전해 주고 있다. 버스 준공영제는 수익성 있는 구간에만 편중될 수 있는 버스 노선을 변두리 취약 지역까지 확대할 수 있는 효과가 있다.

중 현금 지불에 대한 불편 및 승하차 시간 지체 문제, 그리고 운송업체의 경영효율화를 위해 1996년 최초로 서울시는 버스 카드 티머니를 도입하였고, 1998

사진2 우리나라의 대표적인 교통카드인 티머니

년에는 지하철 역시 카드제를 도입하게 되었다. 당시엔 버스와 지하철 간의 호환이 안 되어 시민의 불편이 컸는데, 2004년 드디어 서울시 버스 교통 체계 개편을 계기로 버스와 지하철의 환승체계가 가능하기에 이르렀다. 지금은 주요 대도시의 교통카드는 상호 호환이 가능하게 되었고, 신용카드에 의한 후불제 도입으로 보다 편리한 지불체계를 갖추게 되었다.

과거 버스에는 에어컨이 없었다. 찜통이 된 버스 안에는 사람이 가득하고 땀냄새가 범벅이된 사람들의 냄새가 진동했다. 그래서 '콩나물 시루같은 만원버스'라고 하기도 했었다. 그러나 지금은 대부분의 버스에는 에어컨이 설치되어 있어 그 옛날의 불편은 사라지게 없다. 어디 그뿐이랴, '교통약자의 이동편의 증진법'에 의해 버스는 기본적으로 안내방송 시설,문자안내판, 휠체어 승강설비, 교통약자용 좌석 등을 구비하고 있다.

표1. 버스가 기본적으로 갖추어야 할 시설

구분		시내버스 (저상형)	시내버스 (일반형)	시내버스 (좌석형)	농어촌버스	시외버스
안내 버스	안내방송	O	O	O	O	O
	문자안내판	O	O	O	O	O
	행선지표시	O	O	O	O	O
내부 시설	휠체어승강설비	O	O	O	O	O
	교통약자용	O	O	O	O	O
기타 시설	수직손잡이	O	O	–	O	–
	장애인접근가능표시	O	O	O	O	O

※ 출처: 교통약자의 이동편의증진법 시행령 별표2

게다가 버스정류장이나 터미널에도 장애인을 위한 안내시설, 편의 시설 등을 반드시 설치하도록 하고 있을 정도이다.

표2. 버스 교통 관련 여객 시설이 구비해야 할 이동편의 시설

구분	이동편의시설
터미널	■ 매개 시설 ·보행접근로 ·주출입구 ·장애인 전용 주차구역 ■ 내부 시설 ·통로, 경사로, 승강기, 에스컬레이터, 계단 ■ 위생 시설 ·장애인전용 화장실 ■ 기타 시설 ·매표소, 판매기, 음료대, 승강장, 임산부 휴게 시설 ■ 안내 시설 ·점자블록 ·유도 및 안내 시설 ·경보 및 피난 시설
정류장	■ 안내 시설 ·점자블록 ·유도 및 안내 시설 ■ 대기 시설

※ 출처: 교통약자의 이동편의증진법 시행령 별표2

그러나 이런 노력에 불구하고 여전히 문제들이 남아 있으며 이것이 대중교통으로서의 버스 서비스가 개선되어야 할 숙제일 것이다.

대도시의 경우, 자동차의 증가와 지하철 공급으로 인해 버스 수요는 지속적으로 감소해왔다. 그러다보니 버스 업체의 경영악화와 함께 서비스의 상대적인 질 저하가 수반되었다. 다시 말해 버스 서비스의 발전 속도가 자동차나 지하철 교통수단에 비해 더디다는 것이다. 게다가 서비스의 중요 척도가 되는 통행속도에 있어서도 2005년 시간당 17.6km로 승용차의 23km에 비해 턱없이 낮다. 결국, 낮은 통행속도는 버스의 신속성 저하 및 정시성 저하로 이어지며, 버스 이용 감소의 원인이 되고 있어 버스 이용 수요의 증대를 위해서는 개선되어야 할 과제로 지적되어 왔다.

통행 속도를 높이기 위해 대도시를 중심으로 많은 버스전용차로가 만들어졌다. 그러나 서울시의 중앙버스전용차로를 제외한 대부

사진3 서울 중앙로. 손님을 기다리는 택시의 불법주차로 인해 버스가 전용차로를 벗어나 택시를 피해 가고 있다.

분의 가로변 전용차로는 불법 주정차, 이면도로의 차량 유출입으로 인해 전용차로의 기능을 제대로 발휘하지 못하고 있다. 또한 버스전용차로가 일정 구간에만 설치되어 연속성이 결연된 것도 효율저하의 원인이 되고 있다.

차량의 노후화도 버스의 경쟁력에 장애가 되고 있다. 특히 저상버스 보급률을 보면, '2005년 교통약자 이동 편의 증진법'이 제정된 이후 2011년까지 50%를 목표로 하였으나, 2010년 현재 7.0%에 불과한 실정이다. 이에 반해 일본은 관련법 제정 이후 6년만에 17.7%(2006년 기준), 영국은 12년 만에 57.6%에 이르고 있다.[32]

사진4 저상버스는 차체가 낮아 계단 단차가 작아 오르내리기에 편한 구조로 만들어져 있다.

표3. 저상버스 국가별 보급률

구분	저상버스 보급률	교통약자 법률 제정연도
한국 (5년)	7.0%(2010년)	2005년
일본 (6년)	17.7%(2006년)	2000년
영국 (12년)	57.6%(2007년)	1995년

※ 한국은 시내버스, 고속버스, 농어촌버스, 시외버스 합계 중 저상버스 보급률

32) 국토교통부, 교통약자 이동편의 실태조사, 2010. 2. 전국버스운송사업조합연합회 내부자료, 2010

버스는 지하철과 달리 정시성이 떨어지는 것이 서비스의 가장 큰 약점이다. 수시로 발생하는 교통혼잡으로 인해 지하철처럼 고정된 스케줄링은 어렵지만 버스의 위치를 실시간으로 파악하여 정류장 도착 시간을 정확히 알려주는 것은 가능하다. 버스정보시스템(BIS, Bus Information System)은 시민의 이용 편의를 크게 증진 시킬 수 있어 매우 유용한 시스템이라고 생각한다.

그렇지만, 이렇게 큰 문제만 있는 것이 아니다. 시민에 대한 배려 측면에 있어서도 할 말이 많다. 우선 버스정류장을 가보면 잘 꾸며진 쉘터와 버스 노선도가 눈에 띈다. 버스 노선도를 보면 그 정류장을 통과하는 버스와 버스들의 행선지를 자세하게 알 수 있다. 그런데, 많은 경우 특히 지방으로 가면 이 노선도에 버스 진행방향이 없다. 다시말해 건너편 정류장의 노선도도 똑같은 도면과 노선도를 붙여 놓고 있기 때문에 노선도만으로 자신이 서있는 곳이 목적지 방향인지 반대 방향인지 알기 어렵다는 것이다. 특히 낯선 동네에서는 더하다. 버스 노선도는 자신의 현 위치를 중심으로 안내하여야 시민들이 정확한 정류장을 찾아 반대 방향으로 타는 일이 없어질 것이다.

서울과 같이 중앙버스전용차로의 버스정류장에서 버스는 도착한 순서대로 그 위치에서 사람을 태운다. 그러다 보니 버스가 꼬리를 물고 도착하면 사람들은 자기 버스를 타려고 이리저리 자릴 옮겨야 한

사진5 서울 미아삼거리역 정류장. 버스정보시스템이 18개 노선의 도착 시간을 제공하고 있다.

사진6 서울 버스 노선도 사례. 가령 지하철7호선 중화역 정류장에 있다할 때, 이 노선도만으로는 그 다음 정류장이 국민은행 중화동 지점인지, 한국전력동부 지점인지 알 수 없다.

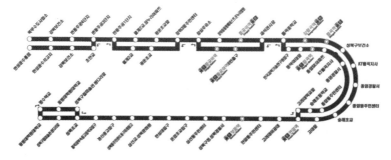

사진7 서울 버스 노선도의 좋은 사례. 노선도에 현재 위치한 정류장과 해당 위치에서의 버스 진행 방향이 표시되어 있어 버스의 행선지를 정확히 알 수 있다.

사진3 서울 미아삼거리. 버스는 도착하는 대로 승하차를 하기 때문에 뒤에 오는 버스를 타야 하는 사람들은 뒤쪽으로 이동하지 않으면 안 된다. 그래서 무질서한데다 이용 시민들의 불편 또한 크다.

다. 그런 모습이 너무 무질서해 보이기도 하고, 이용자 입장에서는 불편이 이만저만이 아니다. 버스 노선마다 승하차 위치를 지정해놓고, 그곳에서만 승하차를 하도록 하면 안될까?

조그만 버스정류장을 가보면 또 다른 문제를 볼 수 있다. 버스가 도착하기가 무섭게 사람들이 도로로 내려가는 것을 자주 목격한다. 버스의 문제일 때도 있고, 시민들의 문제일 때도 있으며, 정류장 앞에 불법주차한 차량 때문일 때도 있다. 이런 저런 이유로 정류장에 제대로 정차하지 못한 채 오히려 사람들이 도로로 내려갈 수 밖에 없는 상황이 자주 연출된다.

버스를 타고 간다. 두 정거장 후면 목적지 정류장에 닿는다. 그럼 앉은 자리에서 일어나 출구로 가야 한다. 아무도 재촉하지 않는데도 말이다. 예전에는 운전사들이 늦장을 부린다고 재촉하고 손님에게 화를 내기도 했다. 그러나 지금은 다르다? 그렇지 않다! 아직도 승객들은 알아서 출구로 향한다. 일본에서 버스 운전사는 '버스가 정류장에 완전히 정차하기 전에는 자리에서 일어나지 마세요'라는 멘트를 매 정류장마다 방송으로 알려준다. 그리고 실제로 승객들은 버스가 완전히 정차한 후에 자리에서 일어나고, 출구를 향해 느긋하게 걸어나간다. 그리고 운전사 역시 여유롭게 승객이 하차하기를 기다려준다.

버스는 분명한 대중교통이며, 공공서비스로서 정부는 시민 서비스를 개선하고 발전시킬 의무가 있다. 그 의무가 저상버스, 버스전용차로, 버스정보시스템의 보급이 될 수도 있지만 버스의 '노선도 고치기', '제 위치에서 승하차하기', '정차한 후 일어서기' 등 이러한 작은 서비스야말로 무엇보다 우선되어야 하지 않을까 생각한다.

지속 가능한 가로 환경을 위한
약간의 제안들

도시의 지속 가능성은 하찮아 보이는 작은 것에서 시작된다.

19장 | 지속 가능한 가로 환경을 위한 약간의 제안들

지금까지 가로 환경에 대한 많은 얘기들을 해왔다. 그러나 걷고 싶은 가로 환경을 위해 필요한 작은 배려들이 여전히 많다. 그 중에서 쉽게 공감할 수 있는 몇 가지를 추려 정리해 보았다.

왼쪽을 보라

횡단보도는 가로 환경에서 교통사고가 가장 많이 나는 곳이고, 우리나라는 횡단보도 교통사고가 특히나 많은 나라이다. 그도 그럴 것이 횡단보도를 건너는 사람들이 지나치게 자동차를 믿는 게 아닌가 생각한다. 자동차가 오는 방향은 쳐다보지도 않은 채 딴 짓하며 건너는 사람이 많기 때문이다. 횡단보도에서의 교통사고는 횡단보도를 건너는 보행자가 자동차를 보지 않는 그 순간에, 우연히 자동차 운전자도 (딴 짓을 하다) 그 보행자를 보지 못했을 때 일어나기 마련이다. 사진1에 보이는 횡단보도는 우리나라와 같은 환경에서 꼭 필요하다. '왼쪽을 보라'라고 쓰여진 메시지는 길을 건너는 사람의 주의를 한층 높여줄 수 있다고 생각한다. 어린 아이들의 교통안전 교육에 이미, 횡단보도를 건널 경우에는 자동차 운전자와 시선을 맞추라고 한다. 그것은 매우 중요하며, 횡단보도면의 '왼쪽을 보라'라고

사진1 영국 런던London. 횡단보도 앞의 'LOOK LEFT' 란 글자가 횡단자의 주의를 끈다.

사진3 영국 런던London. 버스정류장 쉘터의 위치
를 바꾸어 보도폭을 넓게 활용하도록 한 사례이다.

사진2 일본 도쿄東京. 가로수 지지대가 있는 곳에
보도와 동일한 재질로 처리하여 보도폭을 넓게 활
용하도록 하고 있다.

사진4 경기도 부천. 버스정류장 쉘터의 위치를 바
꾸어 보도폭을 넓게 활용하도록 한 국내 사례이다.

쓰여진 글자가 도움을 줄 수 있을 것이다. '왼쪽을 보라'가 어서 빨리
도입되기를 바란다.

효율적 공간 활용

일본 도쿄東京에서 보았던 감동은 지금도 잊히지 않는다. 보도를
이처럼 효율적으로 이용하는 방법을 왜 생각하지 못했는지, 보도폭
이 좁다고만 했지 그걸 합리적이고 효율적으로 확장할 생각은 왜 못

했는지. 사진2는 디테일의 중요성을 알게 해준 첫 번째 발견이었다.

그리고 사진3은 영국 런던에서 찍은 것이다. 발상의 전환이 공간을 얼마나 넓게 활용할 수 있는지를 보여주고 있다. 단순히 쉘터의 방향을 바꾸는 것만으로 보행공간은 크게 넓어진다. 비슷한 사례를 우리나라에서는 사진4와 같이 부천 중동에서 볼 수 있었다.

지저분한 거리

살기 좋은 도시, 걷고 싶은 가로 환경은 깨끗한 거리가 기본이다. 아무리 잘 계획되고 아무리 좋은 디자인으로 조성되었을지라도 더러운 거리는 그 가로의 수준을 나타내는 중요한 지표가 된다. 사진5는

사진6 서울 월곡동. 휴식공간으로 조성한 벤치이지만 쓰레기와 먼지로 인해 앉고 싶은 생각이 들질 않는다.

사진5 울산 화합로. 보행우선구역으로 훌륭한 가로 환경을 만들었지만 사람이 지나간 자리는 쓰레기로 가득하다.

울산 화합로의 이른 아침 모습이다. 보행우선구역으로 전체적으로 가로 환경을 크게 개선시킨 훌륭한 사례라고 알려져 있는 곳이다. 하지만 거리의 쓰레기 때문에 이 가로 환경은 100점을 줄 수 없을 것 같다.

오랫동안 쓰기

우리는 새 것이 언제나 좋은 것이라고 생각한다. 우리가 구입한 스마트폰은 몇 개월이 지나지 않아 신제품이 출시되고 곧 낡은 폰이 되는 세상이다. 그러나 우리는 유럽의 낡고 오래된 도시를 동경한다. 비록 낡았더라도 그 속에는 역사와 자랑스런 전통을 담고 있기 때문이리라. 그것은 IT 시설이라 해도 다르지 않다.

일본 교토京都에 있는 버스정보시스템(사진7)은 만들어진 것이 1970년대라 한다. 과거의 기술, 과거의 장비들이 여전히 목적대로 잘 작동되고 있다. 오래된 시설이지만, 그만큼 시민을 위한 서비스가 계속되어 온 것이다. 역사를 쌓고 있고, 일본의 자랑스러운 IT 시설이 되어가고 있는 중이다.

사진7 일본 교토京都의 오래된 버스도착안내시스템

사진8 서울의 S 아파트 단지. 자동차가 진입할 때 쓰레기 처리장 뒤의 아이가 보이지 않는다.

사진9 자동차가 다가가자 그때서야 아이의 모습이 보이기 시작한다.

사진10 서울 화랑로 13가길. 내리막 주차된 차량의 바퀴가 차로 반대쪽으로 꺾여 있지 않다.

사진11 서울 회귀로 5길. 자전거 횡단에 접근하는 자전거를 위한 보도 연석 처리가 되어있지 않다.

사진12 서울 월곡로 14길 월곡래미안 루나밸리 아파트 앞. 횡단보도와 보행동선이 다르다.

사진13 서울 월곡로 홈플러스 앞. 횡단보도를 통해 횡단하는 보행자는 거의 없다.

차량 속도를 10km로 규정하고 있는 아파트를 자주 보았다. 그것이 10km 든 아니든 아파트 내에서는 속도를 최대한 줄이는 것이 무엇보다 중요하다. 아파트 안을 걷는 사람들은 일반 도로를 걸을 때와는 다르게 긴장을 놓고 있고, 초등학교 학생들은 물론 이제 막 걸음마를 띤 아기들도 할머니나 할아버지 곁에서 뛰어 노는 장소이기 때문이다. 따라서 자동차의 속도는 최대한 통제 되어야 한다. 또한 교통사고의 가능성을 낮추기 위해서는 속도를 통제하는 것과 함께 운전자가 전방의 모든 상황을 파악할 수 있게 충분한 시야를 확보해야한다. 사진8과 사진9는 아파트 단지 내 전경이다. 정지선 오른쪽으론 놀이터가 있다. 그런데 놀이터에서 놀다 길을 건너려는 아이가 있다면, 그 아이는 쓰레기 처리장에 가려 보이지 않는다. 실제로 이 단지의 차들은 빠르게 다니고 있고 조심성 없는 아이들은 거침없이 길을 건넌다. 다시 한번 강조 하자면 아파트 단지는 운전자와 보행자에게 충분한 시야를 확보해 줄 수 있어야 한다.

신문이나 방송에서 경사로에 주차된 자동차가 미끄러져 난 사고 소식을 가끔 듣는다. 내리막에서 핸드 브레이크를 제대로 거는 것을 잊는 운전자가 없지 않기 때문이다. 따라서 내리막길에서는 핸드 브레이크를 제대로 걸었는지에 대한 주의와 함께 자동차의 핸들을 차로 반대쪽으로 꺾어 놓도록 하는 표지를 설치해 놓는 것이 어떨까 제안해 본다.

있으나 마나 자전거 횡단도

자전거 횡단도와 연결되는 보도의 처리가 제대로 되어 있지 않은 경우가 많다. 이것은 당초 보행자 횡단보도만 있던 곳에 추가로 자전거 횡단로를 만든 경우이다.

보행동선에서 떨어진 횡단보도

횡단보도는 운전자로 하여금 보행자를 예상하여 자동차의 속도 감소와 같은 주의운전을 유도한다. 그런데 횡단보도가 보행동선에서 떨어진 곳에 설치되어 있다면, 보행자들은 횡단보도를 이용할까 아니면 보행동선을 따라 횡단할까? 보행자들이 횡단보도가 아닌 보행동선을 따라 횡단하게 된다면 어떻게 될까? 운전자가 예상치 못한 곳에서 보행자 횡단이 일어나는 것이므로 그곳은 교통사고 위험이 당연히 높을 것이다. 따라서 횡단보도는 보행동선을 따라 설치되어야 한다.

통행방법에 대한 안내 정보 부족

사진14는 내부순환로의 월곡램프 진출부로서, 우회전 신호를 통해 월곡로로 진입하도록 되어 있다. 그런데 이곳은 신호 위반차량이

사진14 서울 월곡램프와 월곡로 교차로. 우회전 통행방법의 안내 부족으로 신호를 지키지 않는 차량이 많다.

많고 사고도 많은 곳이다. 운전자들이 우회전 신호등이 빨간불임에도 신호를 어기고 우회전하는 중에 보행자를 치는 일이 많았다.(지금은 횡단보도를 없애 버렸다)

그런데 사진 속에서 발견할 수 있는 안내 정보를 살펴보자. 먼저 좌회전 및 직진 금지 표시가 보인다. 높이는 4.5m이며 정릉방향, 태릉방향은 우회전하라는 표지가 있다. 하지만 우회전 신호를 받아 우회전하라는 안내표지는 볼 수 없다. 신호등만이 있을 뿐이다. 교차로가 복잡하여 신호를 받지 않고 우회전 할 경우에는 9시 방향에서 진입하는 차량과 충돌 위험성이 높은 곳이다. 이런 정보를 모르는 초행 운전자는 사진속의 오른편에서 우회전할 때 신호를 받아 우회전해야 하는지 모를 수도 있다. 그런 이유인가? 신호를 무시한 채 우회전 하는 차량이 많다.

지속 가능한 가로란 걷거나 뛰거나, 자전거를 타거나 하는 가로에서 일어나는 삶의 행위를 안전하고 편안하며, 행복하게 할 수 있는 환경을 말한다. 그런 환경은 정부가 만들어낸 규칙이나 지침을 통해서는 쉽지 않다. 그보다는 사람들의 생각을 변화시키는 것이 근본적인 것인데, 이 또한 간단하지 않다. 결국 사람을 사랑하고, 사람을 생각하는 도시 계획가나 교통 운영가의 지속적인 지도와 깨어 있는 계몽에 있지 않을까 한다.

끝마치며

우리는 자신이 보행자로서 거리를 다닐 때는 자동차와 불법주차에 불편과 짜증을 느끼면서도, 운전석에 앉는 순간 보행자를 걸림돌로 여기게 된다. 가로수를 아름답게만 생각하는 정책가나 도시 경관 전문가는 운전자와 보행자가 느끼는 불안이나 불편을 인지하지 못한다. 장애인 시설을 계획하고 공급하는 사람들은 장애인을 잘 모른채 관련 설치 지침만으로 설계를 한다. 그래서 시설에서 사람이 읽혀지지 않는다.

우리나라에서 보행권의 개념은 1993년에 제기된 바 있다. 유럽 등의 교통 선진국이 1960년대 이미 보행권 보장을 위해 노력하고 있었던 것에 비추어보면 무려 30년 뒤쳐진 셈이다. 그리고 2012년 최근에야 우리는 '보행안전 및 편의증진에 관한 법률(이하, 보행법)'이 생겼다. 이 법은 안전하고 쾌적한 가로 환경의 조성을 목적으로 한다. 다시 말하면 이 책에서 주장하고 있는 배려의 법률적 근거가 생겼음을 의미한다.

보행법의 탄생은 어쩌면 시대를 거스를 수 없는 역사의 흐름에서 자연스러운 결과일지 모른다. 왜냐하면 가로 환경의 변화와 발전은 유럽이나 일본, 미국 등 서구 선진 국가 역시 동일한 역사적 궤를 같이하고 있기 때문이다. 과거 이들 나라들은 급속한 경제성장과 다수의 행복을 추구하는 공리주의, 그리고 자본주의를 통해 자동차 중심의 도시 사회를 빠르게 조성해갔다. 그리고 자동차를 위해 교통약자인 소수의 희생을 강요하기 시작했다. 그러나 1950-60년대에 들어서면서 학생운동과 시민저항운동을 통한 사회적 자각을 통해 약자에 대한 배려가 사회적 이슈로 등장하였고, 계속 발전을 거듭하면서 오늘날의 가로 환경을 만들어 내었다. 우리나라도 정확히 이런 수순을 따르고 있다. 1970년대와 1980년대의 급속한 경제성장 정책이 있었고, 1980년대와 90년대를 잇는 학생과 시민의 민주주의 운동을 통한 사회적 자각이 있었다. 그리고 2000년대에 들어서야 살고 싶은 도시, 걷고 싶은 도시와 같은 다양한 사업을 통해 사회적 배려에 관심을 갖기 시작했다. 그러나 아직은 초보적인 수준이며 충분한 준비가 필요한 시기라고 생각한다.

우리가 본받을 만한 가로의 모습으로 일본의 마치즈쿠리(町作り, 마을 만들기)가 대표적인데, 일본은 1950년대 중반 이후 고도 성장기를 거치면서 도시 문제가 심각하게 대두되기 시작하였다. 그러다가 1960년대 초 일본의 공해 문제가 시민운동을 촉발시키는 계기가 되었고, 시민활동은 점차 일상생활과 관련이 높은 소규모 도시사업,

재개발사업, 도시 환경 정비 등 다양한 영역으로 확대되기 시작했다. 이 과정에서 1975년 도쿄東京 세타가야구世田谷区의 마치즈쿠리まちづくり는 주민 참여에 의한 그 최초로 기록되고 있다. 1983년 나카소네(中曾根) 내각은 여유와 활력 있는 지역 사회 형성을 주민이 참여하는 마치즈쿠리 사업으로 해결하고자 하였는데, 이것으로 마치즈쿠리는 본격적으로 궤도에 오르기 시작했다. 그리고 1998년 3월 시민활동촉진법(이후, 특정비영리활동촉지법)은 마치즈쿠리를 더욱 활성화시키는 계기가 된다. 결국, 지난 30여 년간 행해졌던 일련의 마치즈쿠리사업이 오늘과 같이 깨끗하고 안전한, 편리한 일본의 가로 환경을 낳는 원동력이 된 것이다.

이제 우리도 의·식·주를 충족시키는데 그치지 않고, 한 단계 더 나아가 살고 싶은, 걷고 싶은 도시를 만들어야 할 것이다.

그 첫걸음은 사람에 대한 배려이다.

참고문헌

1. 강준모, 김정은(2004), 도시환경에 대한 사후설계평가-서울 걷고 싶은 거리 중심, 대한토목학회논문집 24(1)
2. 김지현, 정창무(2011), 가로공간 활성화를 위한 보행유발요인 탐색,대한국토ㆍ도시계획학회 추계학술대회 발표논문
3. 김홍태(2008), 대전광역시 원도심 활성화 사업의 성과 분석, 대전발전연구원 정책연구 보고서
4. 남궁지희, 박소현(2009), 가로환경평가체계에 관한 기초 연구, 대한건축학회논문집 계획계, 25(11)
5. 박천보(2009), 물리환경적 도심재생 관점의 특화거리 활성화 방안연구, 대한건축학회논문집 계획계, 25(8)
6. 국토교통부(2011), 보도설치 및 관리지침
7. 안전행정부(2010), 자전거 이용시설의 구조ㆍ시설기준에 관한 규칙
8. 국토교통부(2013), 건축법 시행령
9. 경찰청(2006), 어린이 보호구역 개선사업 업무편람
10. 경찰청(2012), 2011년 교통사고 통계
11. 고양시(1993), 고양일산지구 도시설계
12. 국민권익블로그 (http://blog.daum.net/loveacrc)
13. 국토교통성(2005), 보도의 일반적 구조에 관한 기준, 일본
14. 국토교통부 보행우선구역 사업(http://walk.mltm.go.kr)
15. 국토교통부(2008), 1차 보행우선구역 시범사업의 성과와 개선방안 세미나
16. 국토교통부(2008), 2008년도 교통안전연차보고서
17. 국토교통부(2008), 보행우선구역 표준설계매뉴얼
18. 국토교통부(2013), 교통약자의 이동편의 증진법
19. 국토교통부(2009), 도로계획지침
20. 국토교통부(2012), 도로안전시설 설치 및 관리지침
21. 국토교통부(2013), 도로의 구조.시설 기준에 관한 규칙
22. 국토교통부(2012), 도시계획관리수립지침 [별첨 3] 보도계획 및 설치지침

23. 국토교통부(2013), 자전거 이용활성화에 관한 법률

24. 국토교통부(2012), 도로안전시설 설치 및 관리지침

25. 국토교통부(2013), 도로의 구조·시설 기준에 관한 규칙

26. 경찰청(2013), 도로교통법

27. 국토교통부(2010), 교통약자 이동편의 실태조사

28. 국토교통부(2009), 보행우선구역 시범사업지구 연구용역

29. 국토교통부(2010), 자전거 이용시설 설치 및 관리지침

30. 안전행정부(2013), 자전거 이용활성화에 관한 법률

31. 보건복지부(2012), 장애인·노인·임산부 등의 편익증진 보장에 관한 법률

32. 국토교통부(2007), 택지개발업무처리지침

33. 국토교통부(2013), 택지개발촉진법

34. 김지현, 정창무(2012), 보행공간 활성화를 위한 걷고 싶은 거리 설계지침 연구, 대한건축학회논문집 계획계 제28권 제9호

35. 김세용, 양동양(1997), 도시 공공공간의 쾌적성 방해요인의 분석에 관한 연구, 도시설계구역 내 공개공지를 대상으로, 대한건축학회논문집 제13권 2호

36. 대전발전포럼(2012), 우리나라의 보행자 교통안전 환경 개선방안, 통권 제43호, p73~87

37. 도로교통공단(2011), TASS(교통사고분석시스템)

38. 도로교통공단(2011), 교통사고 요인분석 – 보행자 교통사고 특성분석을 중심으로

39. 도로교통공단(2012), 2011년 교통사고 요인분석

40. 도로교통공단(2011), 교통사고 요인분석 – 보행자 교통사고 특성분석을 중심으로 –

41. 도로교통공단(2012), TASS(교통사고분석시스템)

42. 디자인서울 홈페이지 (http://design.seoul.go.kr)

43. 미국 장애인 보호법(ADA, Americans with Disabilities Act)

44. 박현찬, 유나경(2001), 걷고 싶은 거리 만들기 시범가로 시행평가 및 추진방향 연구, 서울시정개발연구원

45. 변완희(2010), 신도시 근린생활권의 보행 및 자전거 이용활성화 개선방안 연구, 토지주택연구원

46. 삼성교통안전문화연구소(2008), 도시부 생활도로 안전도 제고방안

47. 서울시(2007), 보도턱 낮추기 시설 설치 개선 및 운용지침

48. 서태성(2002), 주민참여를 통한 지역개발 사업의 효율적 추진방안 연구: 일본의 사례와 시사점을 중심으로, 국토연구원

49. 석종수(2011), 인간중심 도로 디자인 마스터 플랜, 인천발전연구원

50. 석종수(2009), 인천광역시 생활권 도로 교통관리 방안, 인천발전연구원

51. 성남시(1992), 성남분당지구 도시설계

52. 성현찬(2003), 가로환경복원을 위한 도시의 주요 가로유형별 가로수실태에 관한 연구, 대한국토·도시계획학회지 「국토계획」 38(3)

53. 손재룡(2003), 특화거리 조성의 변천과정에서 나타난 네트워크의 중요성, 대한건축학회 학술발표대회논문집 계획계, 23(1)

54. 신은경, 조영태, 김세용(2008), 이용자디자인평가(PDE)를 활용한 가로공간 및 경관 평가에 대한 연구, 대한건축학회논문집, 24(11)

55. 윤정숙(2007), 보행환경개선사업이 상업 환경에 미치는 영향 분석, 서울시립대학교

56. 이경환, 안건혁(2008), 지역주민의 보행활동에 영향을 미치는 근린환경 특성에 관한 실증 분석, 대한건축학회논문집 계획계, 24(6)

57. 이수옥(2001), 가로공간 개선방안에 관한 연구 : 문정동 패션거리를중심으로, 경원대학교 대학원 석사학위논문

58. 이용성, 정석(2008), 참여주체 관점에서 특화거리 활성화 요인-분당신도시 정자동 카페거리 조성사례를 중심으로, 한국도시설계학회 춘계학술대회발표논문

59. 이지영, 김석기, 박영기(2008), 도심상업지역의 공개공지 사유화에 대한 연구, 대한건축학회 학술발표대회 논문집 제1호

60. 이진숙, 김지혜, 김효정(2009), 특화가로 조성을 위한 환경디자인요소의 영향 분석, 대한건축학회논문집 계획계, 25(2)

61. 일본(2009), 커뮤니티 존 형성매뉴얼(コミュニティーゾーン 形成 マニュアル)

62. 자동차성능시험연구소(2008), 도로표지판 문제점에 관한 설문조사 결과자료

63. 전국버스운송사업조합연합회 내부자료(2010)

64. 정병두(2003), 커뮤니티도로의 계획 및 설계기법에 관한 연구, 국토연구

65. 제주특별자치도특별법

66. 주택도시연구원(2010), 신도시 근린생활권의 보행 및 자전거 이용환경 개선 연구

67. 철도사고 통계분석 시스템(www.railsafety.or.kr)

68. 최강림(2008), 도시상업가로 보행환경의 현황 분석과 개선방향 연구, 대한건축학회논문집 계획계, 24(12)

69. 최지영(2007), 신도시 상업가로의 장소적 특성에 관한 연구 : 분당정자동거리와 서현역 로데오거리의 비교분석을 통하여, 서울시립대학교 대학원 조경학과 석사학위논문

70. 토지주택연구원(2009), 아산신도시 자전거 이용활성화 방안 연구

71. 토지주택연구원(2010), 신도시 근린생활권의 보행 및 자전거 이용환경 개선 연구

72. 한국시각장애인복지관 홈페이지 (http://www.hsb.or.kr/)

73. 한국시각장애인복지관(http://www.hsb.or.kr)

74. 한국토지주택공사(2009), 저탄소·녹색도시 조성을 위한 도로폭원 최소계획기준 수립

75. 황인철, 강일형, 임수길(2010), 교통안전을 고려한 노상주차실태조사 연구 -생활도로와 간선도로를 대상으로-, 대한토목학회논문집, 제30권, 제5D호

76. AUTOSTADT 홈페이지(http://www.autostadt.de)

77. CERTU(2006), Basic road safety information: Cyclists, p2

78. CERTU(2007), Guidelines for cycle facilities

79. CERTU(2007), Ministry of Infrastructure, Transport and Housing, Recommendations for cycle facilities Department for Transport(2007). Manual for Streets, London: Thomas Telford Highway Design Manaual Newyork(2008)

80. International Road Traffic Accident Database (http://cemt.org/IRTAD)

81. IRTAD: International Road Traffic Accident Database (http://cemt.org/IRTAD)

82. http://blog.livedoor.jp/ouensitemasu/archives/51576596.html

83. www.railsafety.or.kr (철도사고 통계분석 시스템)

84. 社團法人 交通工學研究會(2012), コミュニティゾーン實踐マニュアル

85. 社團法人 交通工學研究會(2012), コミュニティゾーン形成マニュアル

86. 土木學會 土木計劃學研究委員會(2008), 日本の交通バリアフリー

87. 學藝出版社(2000), 都市と路面公共交通

88. 學藝出版社(2000), まちづくりのための交通戦略

89. 技報堂出版(2002), マイナスのデザイン

90. 學藝出版社(2002), 都市交通のユニバーサルデザイン

91. 學藝出版社(2002), 都市再生、交通学からの解答

배려도시

펴낸날 2014년 2월 27일 초판 1쇄 발행

지은이 변완희 펴낸이 신덕례 디자인 이하양

영업 김주호 기획 김항석 재무 권혜영

펴낸곳 우리시대

　　　경기도 고양시 덕양구 주교동 587-5번지 401호

　　　T. 070-7745-7141 F. 031-967-7141

　　　woorigeneration@gmail.com

　　　www.facebook.com/woorigeneration

국립중앙도서관 출판시도서목록(CIP)

배려도시 / 변완희. ― [고양] : 우리시대, 2014
p. ;　cm

ISBN 978-89-966507-0-6 03530 : ₩15000

가로 경관[街路景觀]
도시 계획[都市計劃]

539.74-KDC5
711.7-DDC21　　　　　　　　CIP2014003472